[음악세계]

단 한 대 만으로도

리듬, 선율, 화성과 다양한 소리를 내는

작은 오케스트라, 우쿨렐레!

초급 과정을 마치고 난 후

다양한 리듬을 재미있게 배우고픈

마음을 채워줄 수 있는 교본!

저자들이 교육하면서 가장 많이 듣는 질문은 "초급 교재 이후에 어떤 곡으로 연습하면 좋을까요?" 입니다.

본 교재는 아이들부터 노년에 이르기까지 한번쯤은 들어봤을 법한 곡으로 누구나 배우기 쉽도록 동요에서 가요, 팝송까지 주법별로 수록하여 쉽고 재미있게 우쿨렐레 연주법을 배울 수 있습니다. 또한 유치원, 음악학원, 방과후 학교, 문화센터, 복지관, 동호회 등 곳곳에서 체계적이면서도 즐겁게 배울 수 있도록 저자들이 우쿨렐레 교육 현장에서 다년간 쌓은 노하우로 만들어진 교재입니다. 전 곡에 TAB 악보를 수록하였고, 앙상블 곡도 수록하여 핑거스타일의 기초 연습과 앙상블 교재로도 활용이 가능하도록 구성하였습니다. 중급자들이 본 교재만 사용하여도 핑거스타일과 다양한 주법을 구사할 수 있도록 하였습니다.

우쿨렐레 교육을 이끌어주신 김인웅 교수님, (사)한국우쿨렐레협회, 한국음악강사협회, 음악세계 관계자분들께 감사드립니다.
우쿨렐레를 교육하는 분들과 배우는 분들 모두 만족하는 교재가 되길 바랍니다.

저자 설명희, 양성희, 방부영

이 책의 활용법

본 교재는 초급 과정을 벗어나 업그레이드된 주법을 연주하고자 하는 학생 및 우쿨렐레 교습자들을 위해 쓰였습니다.
주법별로 정리되어 있어 방과 후 학교, 문화센터, 학원 등에서 다양하게 활용 할 수 있습니다.

1. ① 주법별 익힘 방법:
   교재 처음부터 끝까지 스트로크 위주로 연습한 후 다시 처음부터 아르페지오 패턴을 연습합니다.

   ② 레퍼토리 완성 익힘 방법:
   각 곡의 스트로크, 아르페지오를 충분히 익혀 곡을 완성한 후 다음 곡을 연습합니다.

2. TAB 악보 활용

전 곡에 TAB 악보를 수록하였습니다. 우쿨렐레의 개성을 살리기 위해서는 노래와 함께 연주하는 것이 가장 좋습니다.
스트로크 연습을 충분히 한 후 멜로디를 연주해 보세요.

3. **Low G** 로 표시된 악보는 멜로디 연주 시 4번줄을 **Low G** 전용 현으로 교체 후 연주해야 악보에 표기된 음을 연주할 수 있습니다.

4. 두 명 이상 연주하거나 그룹으로 수업을 할 경우 한 그룹은 스트로크를, 다른 한 그룹은 TAB 악보로 멜로디 연주를 하면 자연스럽게 앙상블이 가능합니다.

5. MR활용

공개수업 및 연주회 등에서 MR에 맞춰 연주를 하면 더욱 좋습니다.

차례

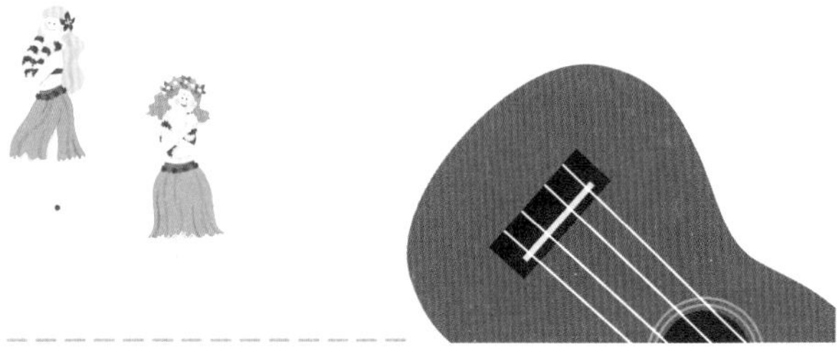

손가락 번호와 기호

왼손 손가락 번호

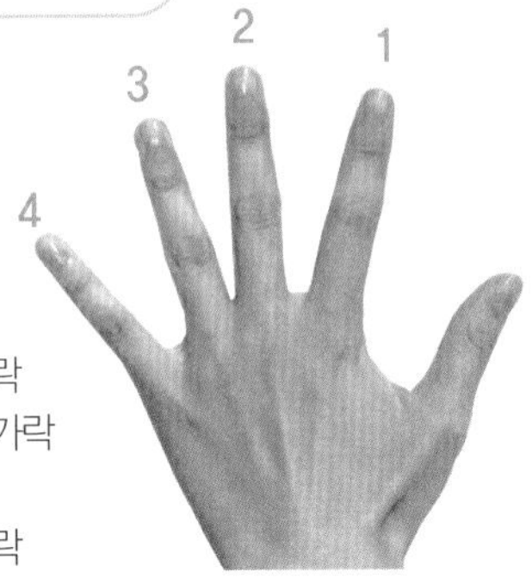

1 집게손가락
2 가운데손가락
3 약손가락
4 새끼손가락

오른손 손가락 번호

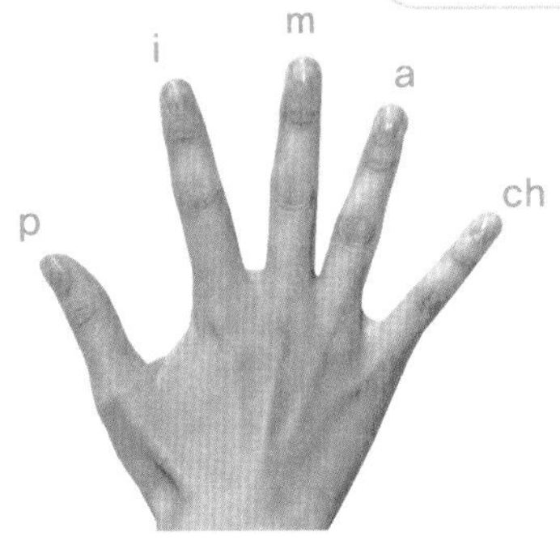

p 엄지손가락
i 집게손가락
m 가운데손가락
a 약손가락
ch 새끼손가락

코드표 읽는 방법

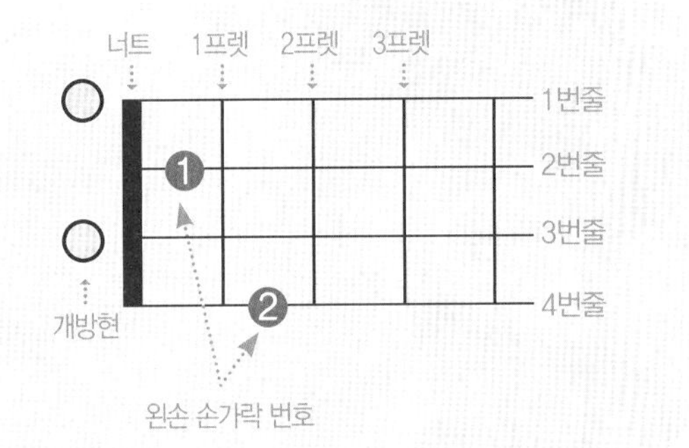

① 세로줄은 프렛이고, 제일 왼쪽은 너트, 그 다음은 1프렛, 그 다음은 2프렛을 의미합니다.
② 동그라미안의 번호(숫자)는 왼손 손가락 번호입니다.
③ 왼쪽의 ○는 개방현(우쿨렐레 지판을 누르지 않은 상태에서 연주되는 소리)이라는 의미입니다.

TAB 악보란?

TAB(타브) 악보란 태블러처(Tablature)의 약자로 선과 숫자로 이루어진 악보를 말합니다.
TAB 악보의 선은 맨 위부터 차례대로 1번줄부터 4번줄을 의미합니다. 숫자는 우쿨렐레의 프렛 번호를 나타냅니다.
1번줄에 0이 써 있다면 1번줄의 개방현을 연주하라는 뜻입니다.

두근두근 초급 다시보기

4비트 다운 스트로크

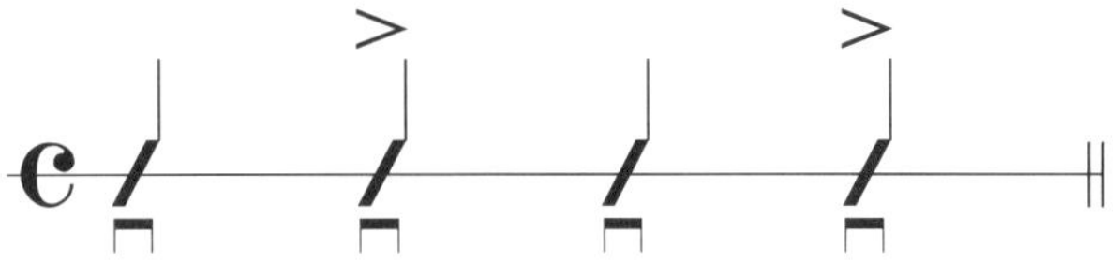

8비트 다운, 업 스트로크

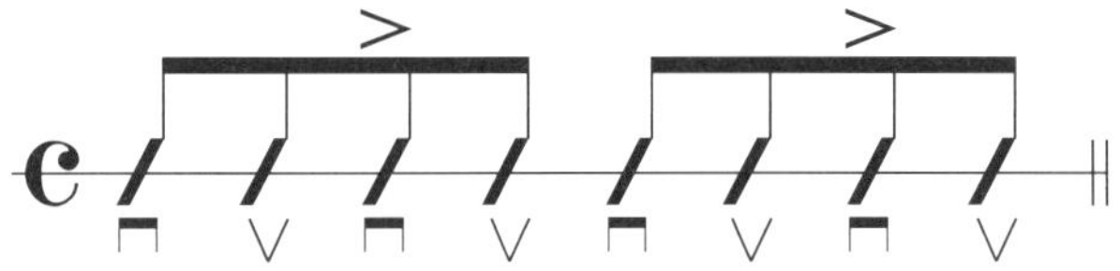

8비트 스트로크 응용

①

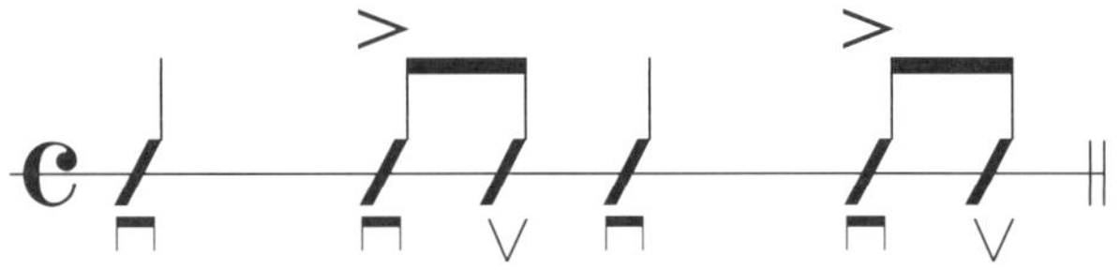

②

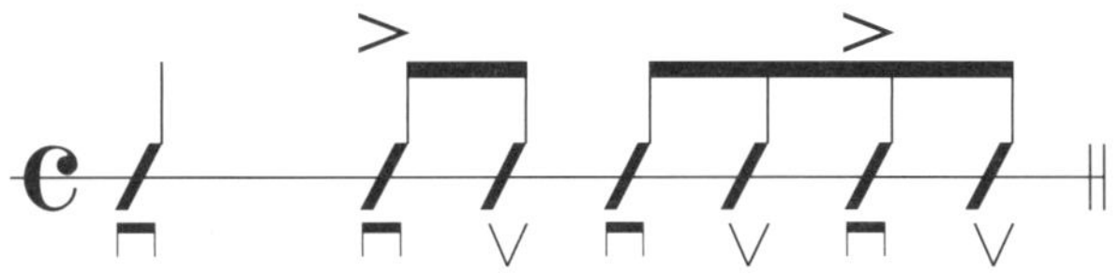

8비트 스트로크(칼립소)

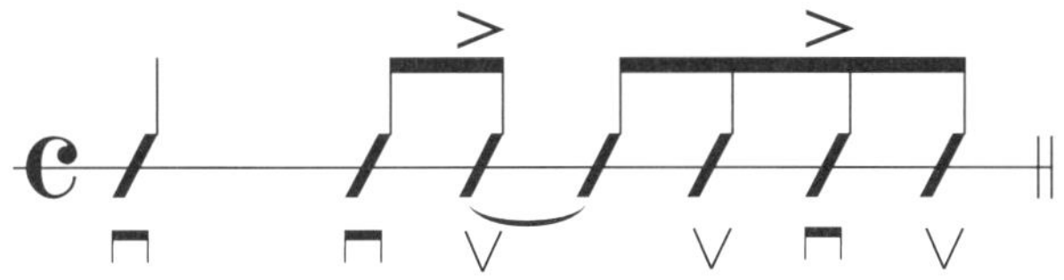

8비트 스트로크(컷팅)

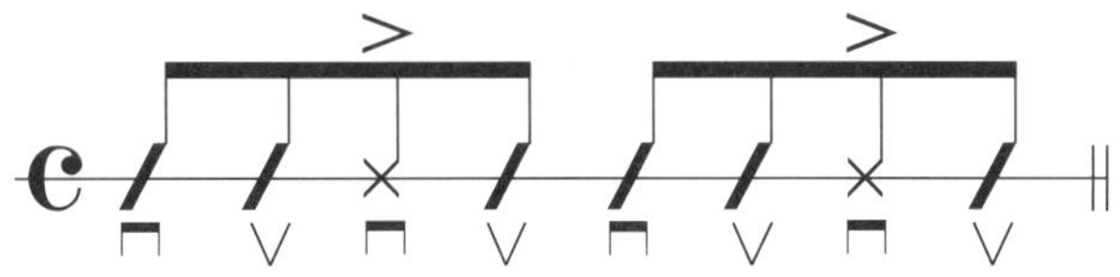

3비트 스트로크(왈츠)

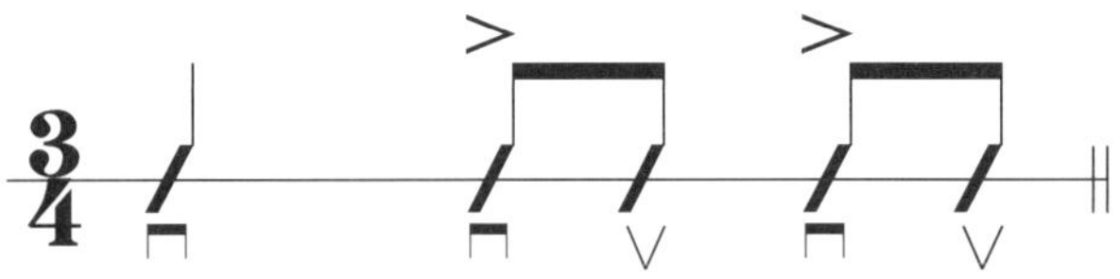

TIP

스트로크 기호를 기억해두세요.

다운 스트로크는 ㄇ로, 업 스트로크는 V로 표기합니다. 혹은 다운 스트로크↓, 업 스트로크↑ 화살표로 표기하기도 합니다.

코드 플레이잉 1

C key (다장조)	C	F	G7	C
D Key (라장조)	D	G	A7	D
F Key (바장조)	F	B♭	C7	F
G Key (사장조)	G	C	D7	G
A Key (가장조)	A	D	E7	A

TIP 1도-4도-5도-1도 조성별 화성 진행 연습입니다. 자주 사용되는 코드진행으로, 잘 익혀 두면 왼손 코드 변환이 자유로워집니다. 앞으로 배우는 리듬의 스트로크나 아르페지오 패턴을 연습해 보세요.

칼립소(Calypso) 리듬

칼립소(Calypso) 리듬은 서인도 제도 트리니다드 섬에서 시작된 서 아프리카의 노동요에서 나온 리듬입니다.
$\frac{4}{4}$박자 중 셋째박이 앞으로 당겨져 리듬에 변화가 생기는 싱커페이션이 특징입니다.

스트로크 패턴

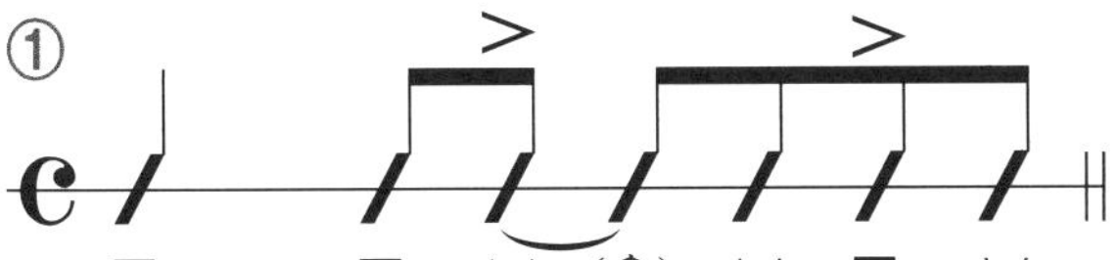

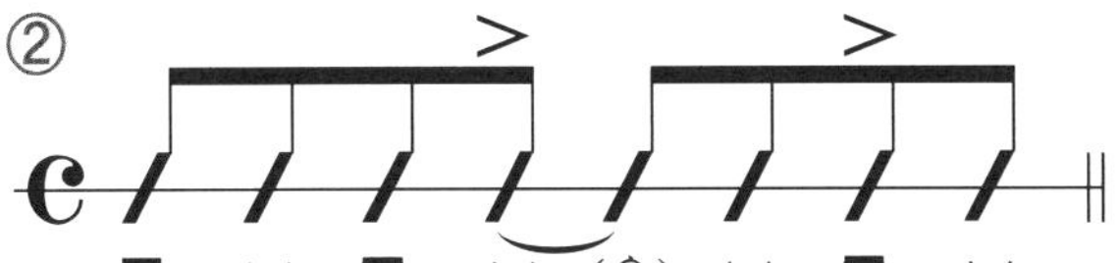

TIP 공피킹이란?

줄을 치지 않고 손을 공중에서 움직이는 것을 말하며 헛손질이라고도 합니다. 이때 반드시 소리가 나지 않아야 합니다. 처음에는 어려울 수 있으니 공피킹 부분에 '은'을 속으로 말하며 연습하세요.

아르페지오 패턴

①

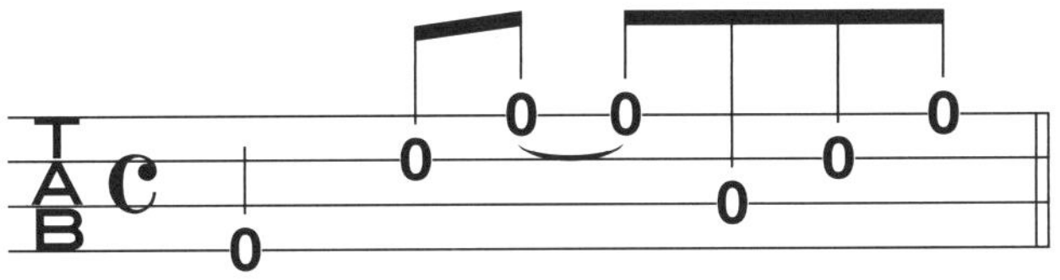

손가락번호	*p*	*i*	*m*	—	*p*	*i*	*m*
줄번호	4	2	1	—	3	2	1

②

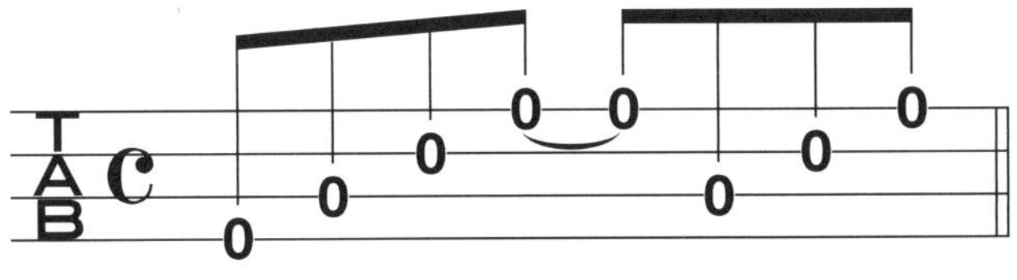

손가락번호	*p*	*i*	*m*	*a*	—	*i*	*m*	*a*
줄번호	4	3	2	1	—	3	2	1

기차를 타고

김옥순 작사
김태호 작곡

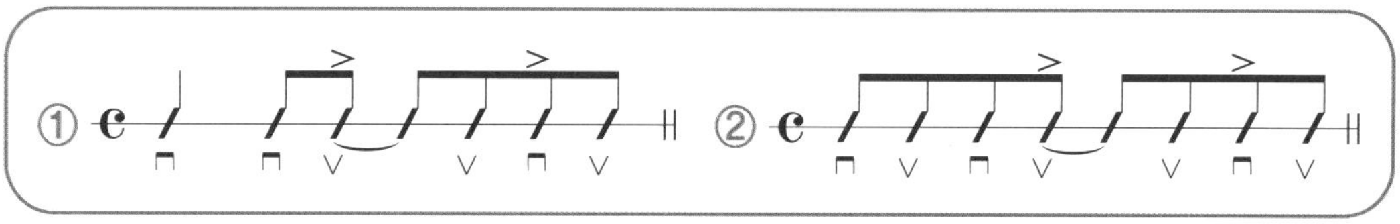
①
②

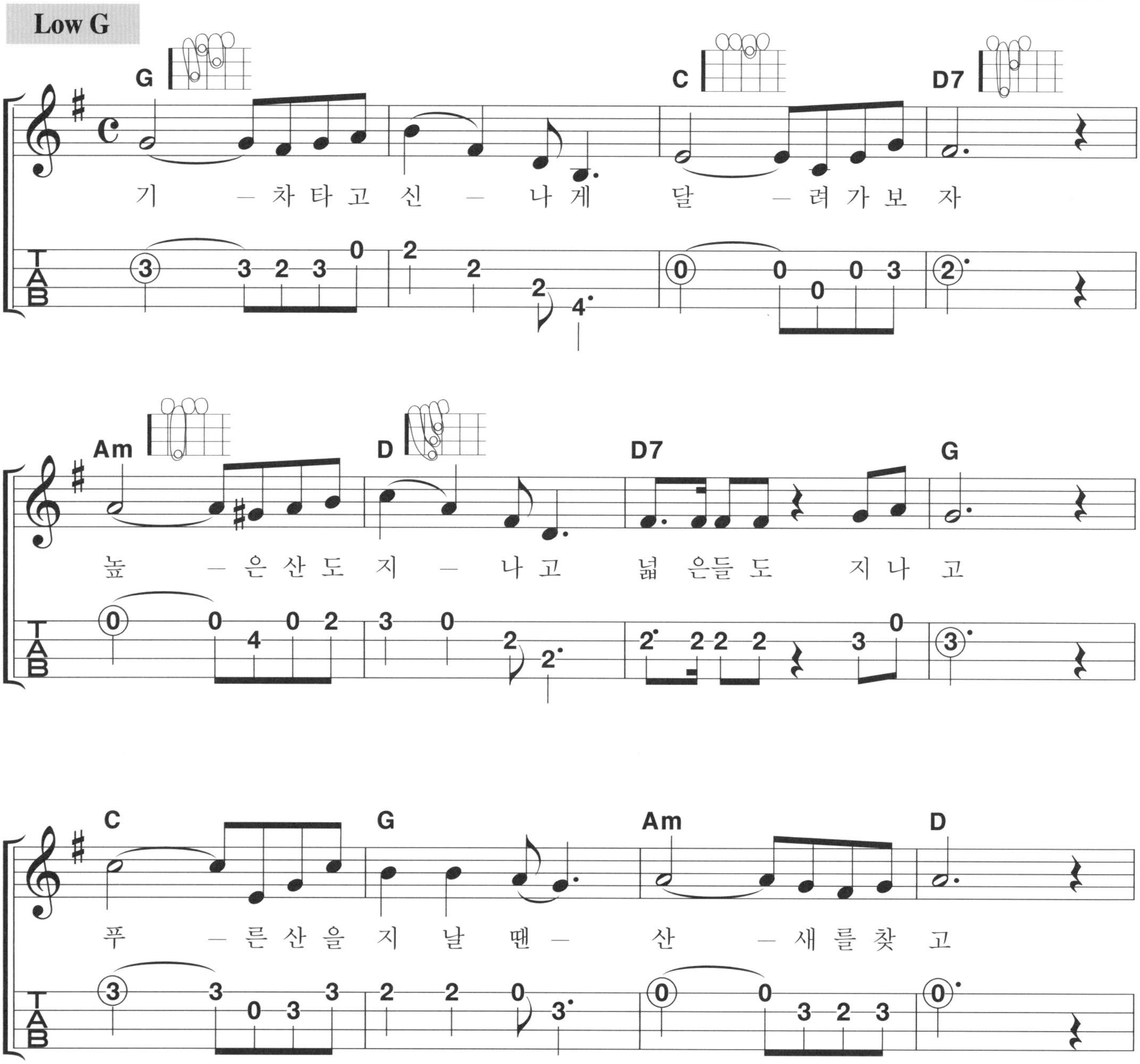
Low G
G
C
D7
기 — 차 타 고 신 — 나 게 달 — 려 가 보 자
Am
D
D7
G
높 — 은 산 도 지 — 나 고 넓 은들 도 지 나 고
C
G
Am
D
푸 — 른 산 을 지 날 땐 — 산 — 새 를 찾 고

TIP

Low G와 High G

우쿨렐레는 하와이에서 반주 악기로 사용되었다가 점차 연주악기로 발전했습니다. 악기를 처음 구입할 때는 대부분 High G(하이 지)로 세팅 되어 있습니다. 우쿨렐레로 멜로디를 연주 시 저음 부분의 음역을 확장하기 위해서 4번 줄을 Low G(로우 지) 줄로 바꾸기도 합니다. Low G라고 악보에 표기된 곡의 멜로디를 연주할 때는 Low G 전용 줄로 되어 있어야 악보대로 소리가 납니다.

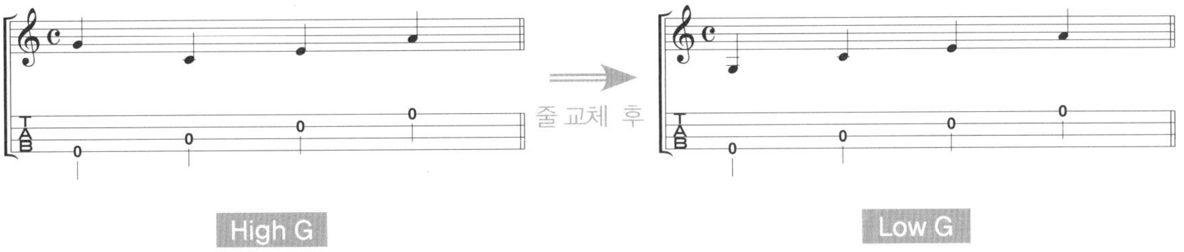
줄 교체 후
High G
Low G

C G A D
넓 — 은 바 다 지 날 땐 — 물 — 새 와 놀 고
G Am D
설 — 레 임 을 가 득 안 고 달 — 려 가 보 자
Am D D7 G
새 — — 로 운 세 — 상 이 자 꾸자 꾸 보 인 다

네잎 클로버

박영신 작사 · 작곡

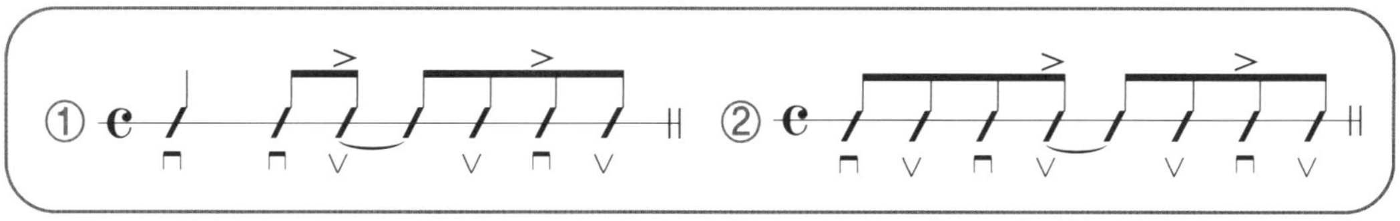

① c
② c

Low G
G Am D G
깊 고작은산골짜기 사 이로 맑은 물흐르 는 작 은샘 터에
G Am D G
예 뿐꽃들사이 에 살 짝숨겨진 이 슬먹 고피 어 난 네 잎클 로버랄랄라
C G Am D G
한 —잎랄랄라 두 —잎랄랄라 세 —잎랄랄라 네 — 잎

C G Am D7
행 운 을 가 져 다 준 다 는 수 줍 은얼 굴 의 미 소
G Am D G
한 줄기 의 따 스 한 햇 살 받 으 며 희 망 으 로 가 득 한 나 의 친 구 야 빛 처
C G Am D7 G
럼 밝 은 — 마 음 으 로 너 를 닮 — 고 싶 어

I Love You

이찬혁 작사 · 작곡

Low G

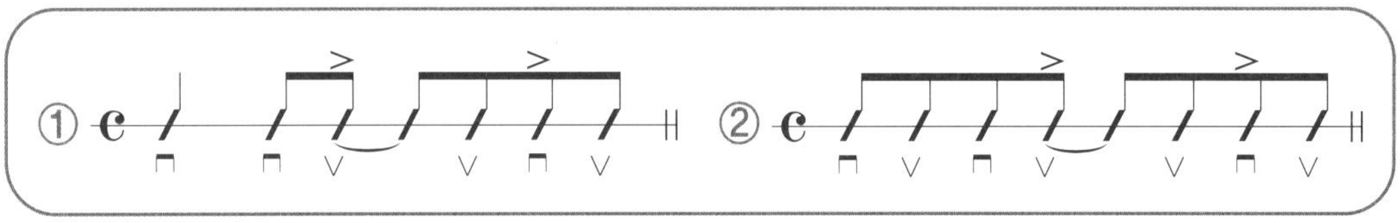
①
②

C
E7
저절로 네게눈이가네가입 은옷무늬가 눈에 띄는것도아닌 데
E7
Am
F
— 온—종 일 다른일을 하고 있는중에도 이사람 참 괜
F
C
E7
네행동 하나하나에 내가 들렸다놓였다해 나이 리자주웃는사람이
찮 단 말이 야
E7
Am
F
아닌 데 돌아보 —면너때문에당한 것도많아 그모든 게하나하나다싫지

F C E7
만은않아 I Love You— — 사랑해 요— — 널보는날 이—면 둘만만나
E7 Am F
는 날이아닌데 도— — 너에게만잘보 이려고막그래난그
F C E7
—래 I Love You— — 사랑해 요— — 널보는날 이—면 둘만만나
E7 Am F
는 날이아닌데 도— — — — — — — 막 설레고그런다니깐
Fm C
—요 I Love— You— — — — — — —

축구왕 슛돌이

김진철 작사
마상원 작곡

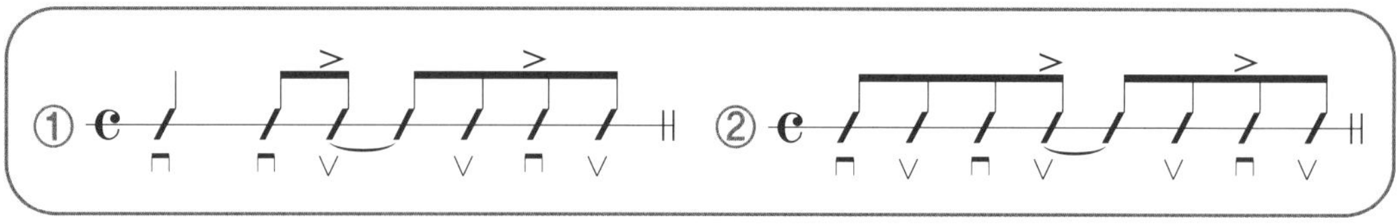
①
②

C Dm G7
슛 볼 은 나 의 친 구 — 볼 만 있 으 면 난 외 롭 지 않 네
C F C G7 C
슛 볼 은 나 의 친 구 — 승 리 의 볼 을 향 해 슛 을 날 리 자
C F G7
패스 패스 패스 내 꿈 은 축 구 왕 세 계 에 서 제 일 가 는 스 트 라 이 커
C F G7 C
패스 패스 패스 힘 차 게 달 려 라 우 리 의 슛돌이 — 슛 돌 — 이

거짓말

G-Dragon 작사 · 작곡

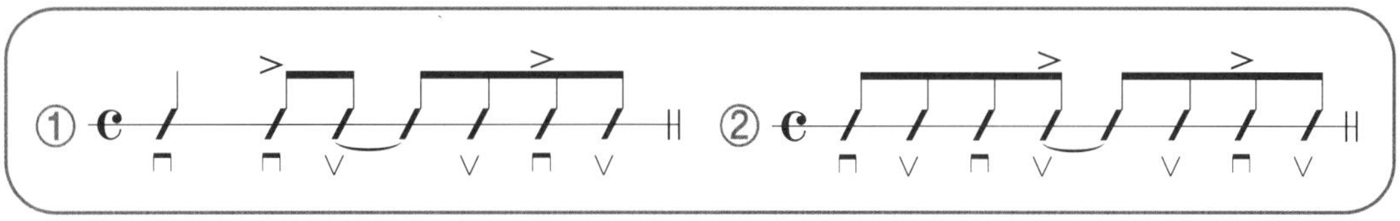

F G Am
I'm so so-rry but I love you 다 거 짓 말 이 야 몰 랐 어 이 제 야 알 았 — 어 니 가 필 요 해
F G Am
so-rry but I love you 날 카 로 운 말 홧 김 에 나 도 모 — 르 게 널 떠 나 보 냈 — 지 — 만 I'm so
F G Am
so-rry but I love you 다 거 짓 말 I'm so so-rry but I love you I'm so
F G Am
So-rry but I love you 나 를 떠 나 천 천 히 잊 어 줄 — — 래 내 가 아 파 할 수 있 — 게 —

애상

이승호 작사
윤일상 작곡

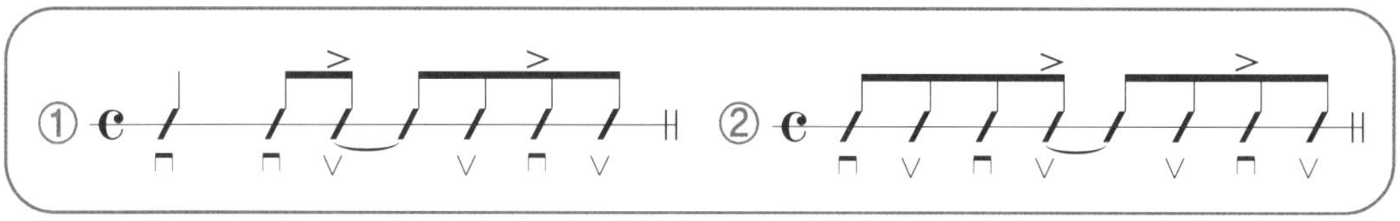
①
②

Low G

C G Am
알 잖 아 너 를 이 토 ㅡ 록 사 랑 ㅡ 하 며 기 다 린 나
Em7 Dm G7 Em7 A Dm
ㅡ 를 뭐 가 그 리 바 쁜 지 너 무 보 기 힘 들 어 넌 도 대 체 ㅡ 뭐 하 고
G7 C G7 Am
다 니 니 ㅡ 그 게 아 냐 이 유 는 묻 지 마 ㅡ 그 냥 믿 ㅡ 고 기 ㅡ 다 려 주
Em7 Dm G7 Em7 A Dm G7
ㅡ 겠 니 내 게 도 사 랑 을 위 한 시 간 이 필 요 해 널 받 아 들 일 수 있 게

C C7 F G7 Em7 A Dm G7
─ 일 부 러 ─ 피 하 는 거 니 ─ No 문 자 해 도 아 무 소 식
C Fm Em7 A D7
없 는 너 ─ 내 가 싫 으 면 ─ 그 냥 싫 다 고 ─ ─ 솔 직 하 게 말 해 봐
G7 C G7 Am
─ 말 리 지 마 내 이 런 사 랑 을 ─ 너 만 보 ─ 면 미 ─ 칠 것 같
Em7 Dm G7 Em7 A Dm
─ 은 이 ─ 맘 을 누 ─ 가 알 겠 어 웨 딩 드 레 스 입 은 니 곁 에 다 른 사 람 이

G7 C G7 Am
— 난 두 려 워 나 보 다 더 멋 진 — 그 런 남 — 자 니 — 가 만 날
Em7 Dm G7 Em7 A Dm G7
— 까 봐 아 니 야 그 렇 지 않 아 정 말 너 하 나 뿐 야 속 는 셈 치 고 한 번 믿 어
C Dm G7 Em7 A Dm G7
봐 사 랑 까 지 는 바 라 지 도 않 을 게 니 곁 에 항 상 있 게 만 해
C
줘 제 발 제 발

슬로우 고고(Slow Go Go) 리듬

슬로우 고고(Slow Go Go) 리듬은 정박 리듬을 분할해서 연주하는 느린 4박자의 리듬으로 서정적인 곡에 주로 사용되는 리듬입니다. 발라드에서 주로 쓰이며 싱커페이션 엇박이 많이 사용됩니다.

스트로크 패턴

①
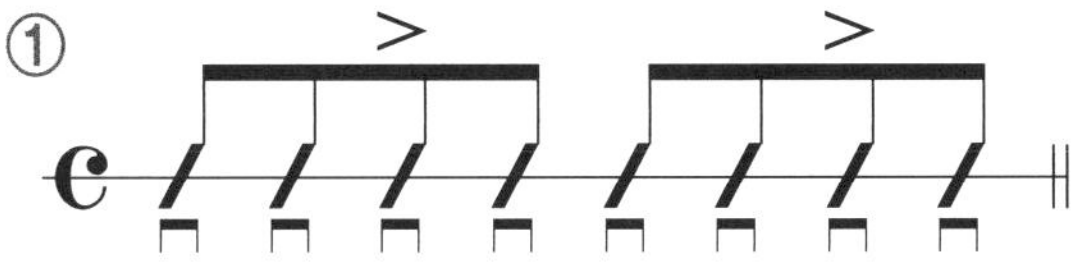

②
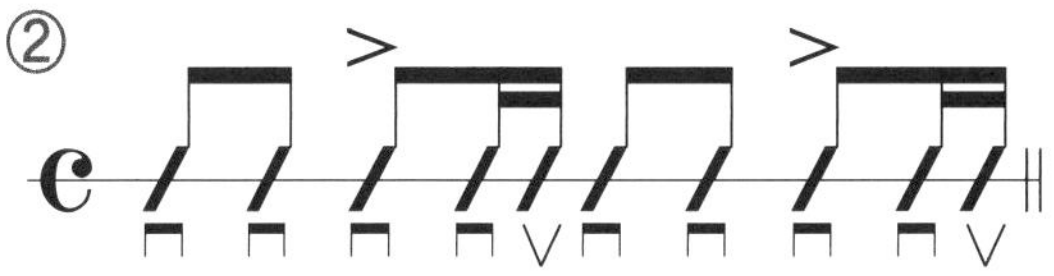

아르페지오 패턴

①
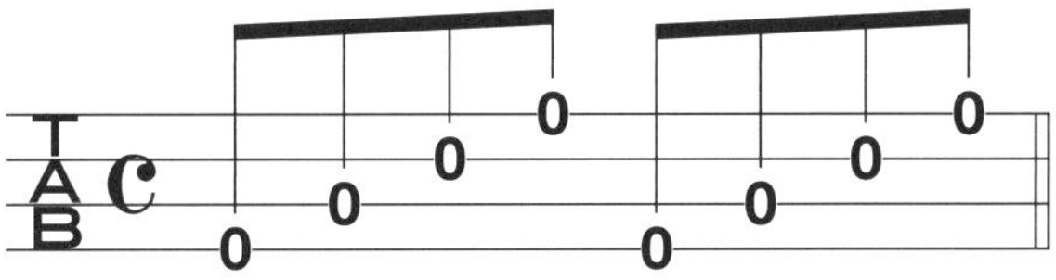

손가락번호	*p*	*i*	*m*	*a*	*p*	*i*	*m*	*a*
줄번호	4	3	2	1	4	3	2	1

②
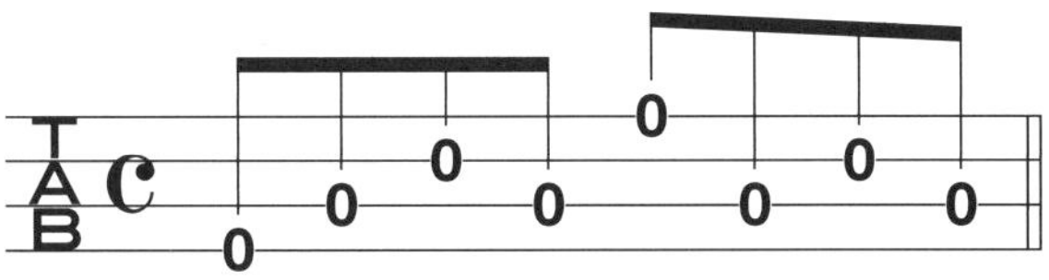

손가락번호	*p*	*i*	*m*	*i*	*a*	*i*	*m*	*i*
줄번호	4	3	2	3	1	3	2	3

내가 제일 좋아하는 말

정하나 작사
정예경 작곡

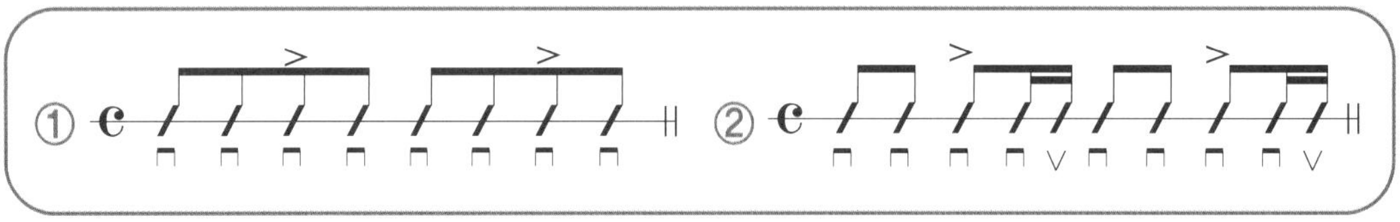
①
②

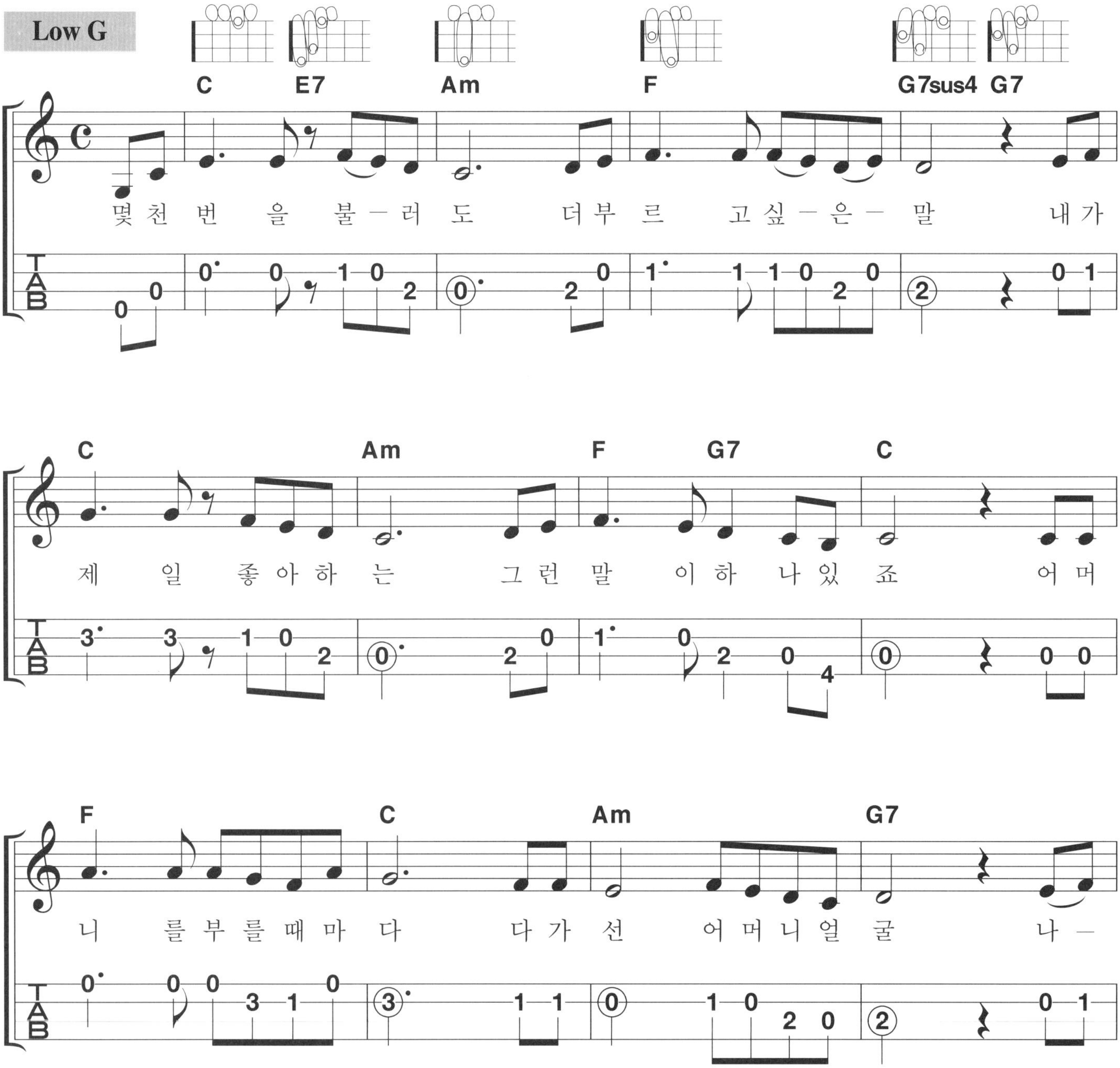
Low G
C E7 Am F G7sus4 G7
몇 천 번 을 불 — 러 도 더 부 르 고 싶 — 은 — 말 내 가
C Am F G7 C
제 일 좋 아 하 는 그 런 말 이 하 나 있 죠 어 머
F C Am G7
니 를 부 를 때 마 다 다 가 선 어 머 니 얼 굴 나 —

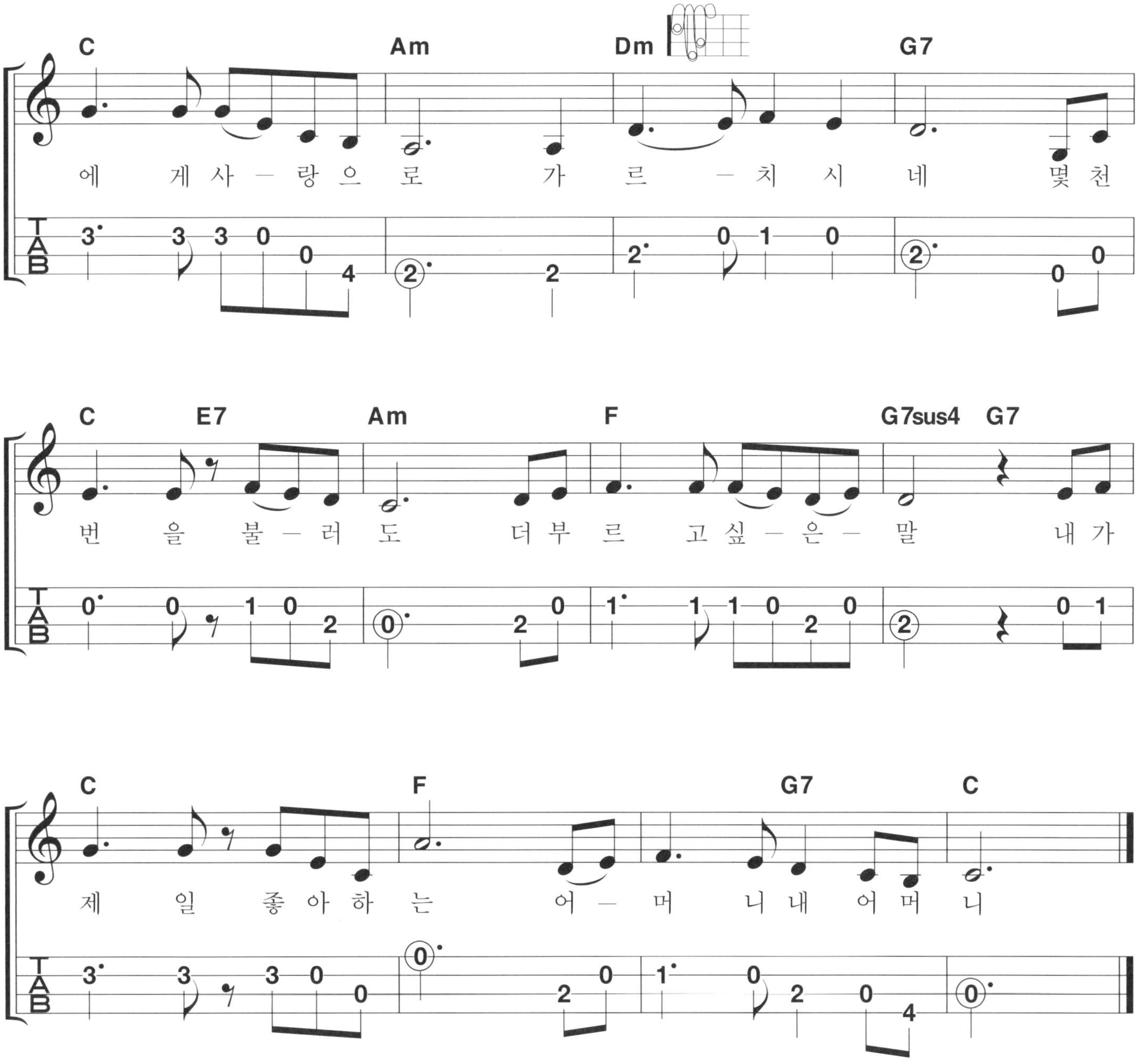
C Am Dm G7
에 게 사 — 랑 으 로 가 르 — 치 시 네 몇 천
C E7 Am F G7sus4 G7
번 을 불 — 러 도 더 부 르 고 싶 — 은 — 말 내 가
C F G7 C
제 일 좋 아 하 는 어 — 머 니 내 어 머 니

마법의 성

김광진 작사 · 작곡

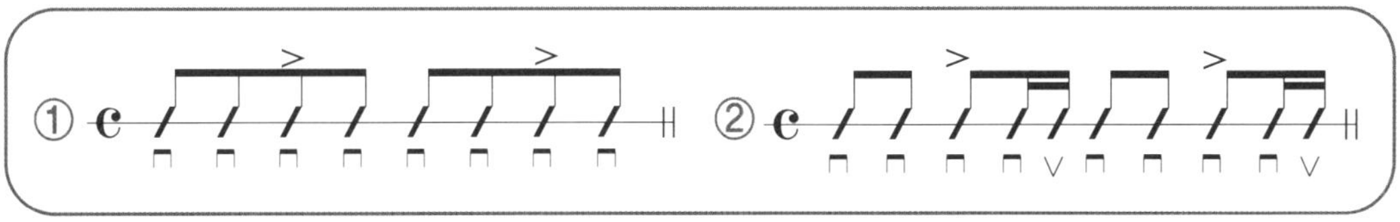
①
②

Low G

C F C F C G
믿을 수 있나요— 나의 꿈—속에서— 너는 마법에빠진공주란 걸 언제
나 언제나— 굳은 다짐뿐이죠— 다시 너를구하고말거라 고 두손
F G7 Em7 Am Dm G7
1.
나 너를 향 한 몸 짓에— 수 많은 어 려움— 뿐이 지만 ——— 그 러
을 모아 기
Em Am Dm G7 C Fm
2.
도 했 죠 끝 없는 용 기와— 지혜를달 라고 — 마 법 의 — 성 을 지나— 늪 을 건

TIP "믿을 수 있나요~지혜를 달라고"부분은 ①번 스트로크로, "마법의 성을 지나~"부분은 ②번 스트로크로 연주하면 곡의 분위기가 전환되어 더욱 좋습니다.

C Am Dm G7 Fm
너 어 둠 의 동 굴 속 멀 리 그 대 가 보 여 이제 나 의 손 을 잡 아보— 아
C Am Dm G F
요 우 리 의 몸 이 떠 오 르는— 것 을 느 끼죠— 자 유 롭 게 저 하 늘
C Dm G C F
을 날 아가 도 놀 라 지 말 아 요 우 리 앞 에 펼 쳐 진
G Am Dm G C
세 상 이 너 무 나 소 중 해 — 함 께 라 면 마 법 의
D.S. al Coda
G Am Dm F G7 C
세 상 이 너 무 나 소 중 해 — 함 께 있 다 면 —

You Raise Me Up

B.그레이엄 작사
R.뢰블란 작곡

①
②
Low G
C Csus4 C
When I am down and oh my soul so wea — ry When trou-bles
C F G7sus4 G7 F C F
come and my heart bur-dened be Then I am still and wait here in the si - lence Un-til you
C G C Am F C G
come and sit a-while with me You raise me up so I can stand on moun - tains You raise me
Am F C G7 C Csus4 C F
up to walk on stor-my— — seas I am strong when I am on your shoul - ders You raise me
C G7 C C
1. 2.
up to more then I — can — be You raise me — be —

크리스마스에는 축복을

김현철 작사 · 작곡

①
②
Low G
G Am D7 G
크리스마스 에 는 축 복 을 크리스마스 에 는 사 랑 을
우 리 다 시 만 나 면 당 신 노 래 불 러 요
Em7 Am C D7 G C D7
당신과만나는 그 날을 기 억할 게 요 헤어져 있을때나— 함께
온세상이그대 향 기로 가 득하 게
Bm7 Em7 Am D7 G C D7
있을때도— 나에겐 아무상관없 어— 요 아직도 내 맘은— 항상
Bm7 Em7 Am D7
그대곁에 언제까 —지라도 영원히 —
D.C. al Coda
G
요

겨울아이

박원빈 작사
박장순 작곡

Low G
G C D7 G
겨 울 에 태 어 난 아 름 다 운 당 신 은
난 사 랑 스 런 당 신 은
G Am A7 D7
눈 처 럼 깨 끗 한 나 만 의 당 신
눈 처 럼 맑 — 은
G D7 G
겨 울 에 태 어 나 만 의 당 신 —
Em Am C G
하 지 만 봄 여 름 과 가 을 겨 울
G Am D7 G
— 언 제 나 — 맑 고 깨 끗 해

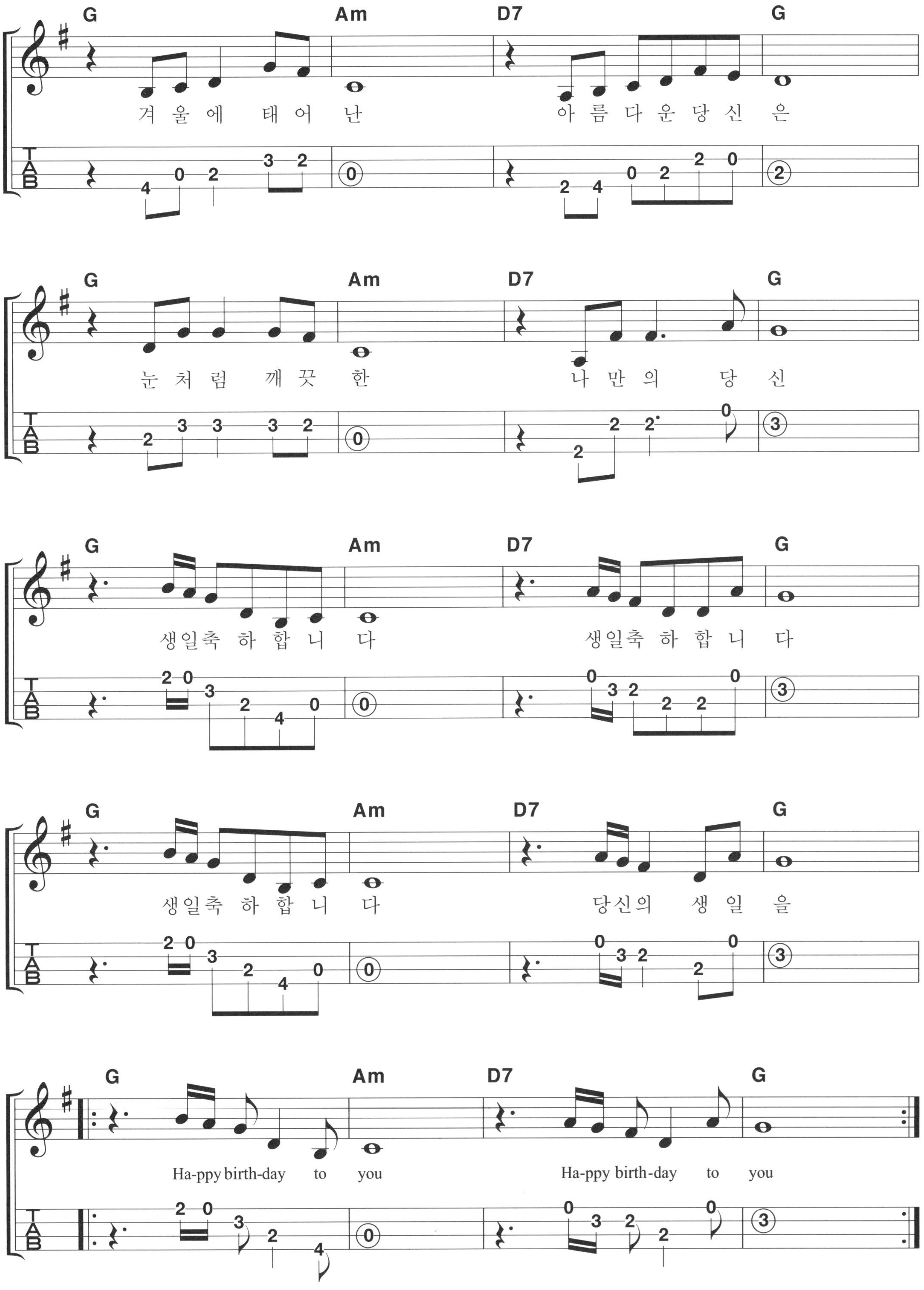
G Am D7 G
겨 울 에 태 어 난
아 름 다 운 당 신 은
G Am D7 G
눈 처 럼 깨 끗 한
나 만 의 당 신
G Am D7 G
생일축 하 합 니 다
생일축 하 합 니 다
G Am D7 G
생일축 하 합 니 다
당신의 생 일 을
G Am D7 G
Ha-ppy birth-day to you
Ha-ppy birth-day to you

폴카(Polka) 리듬

폴카(Polka) 리듬은 19세기 보헤미아를 중심으로 한 중부 유럽에서 발생한 춤곡입니다. 주로 경쾌한 $\frac{2}{4}$박자와 $\frac{4}{4}$박자 리듬연주에 사용되고 있고 모두 다운 스트로크로 연주합니다. 처음에는 i 스트로크로 저음부 고음부를 나누어 치다가 p, i로 나누어 연습합니다.

스트로크 패턴

$\frac{2}{4}$박자 계열

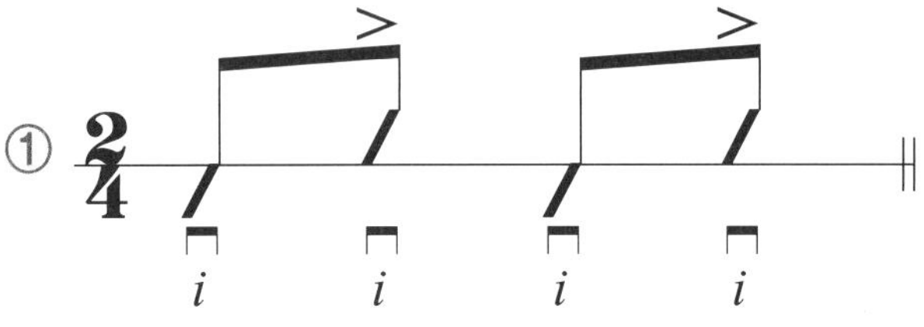

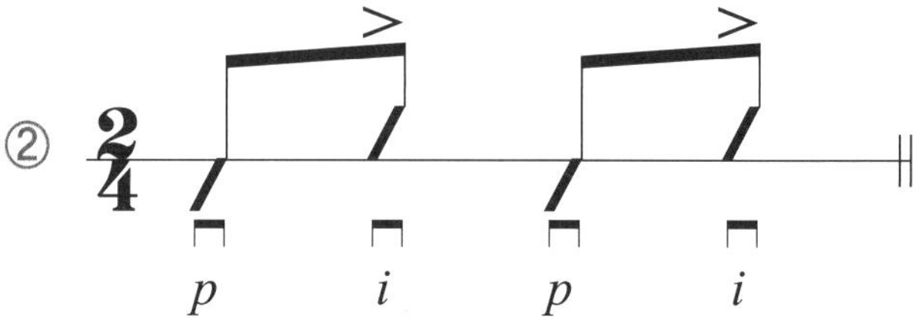

$\frac{4}{4}$박자 계열

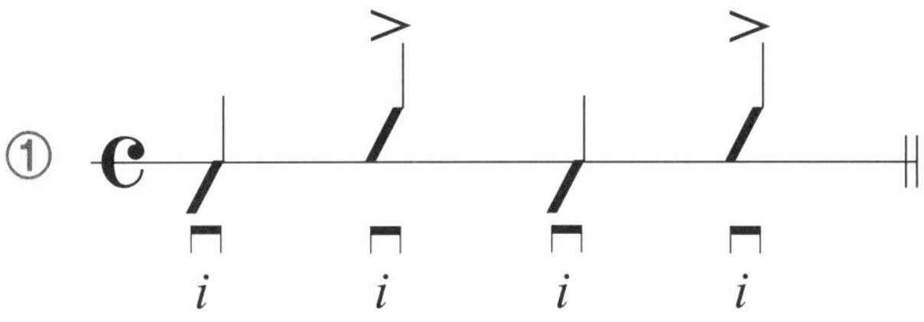

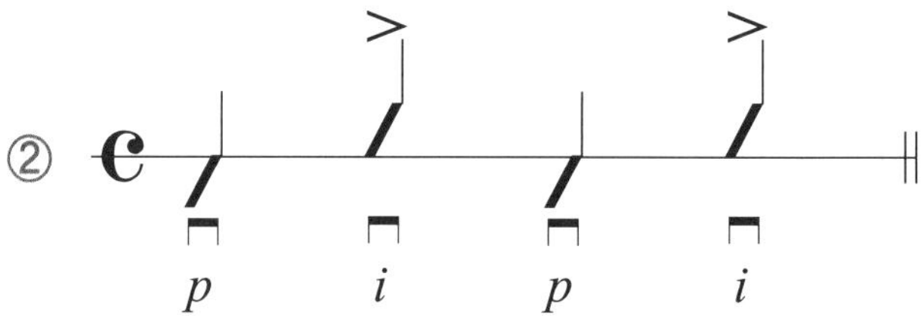

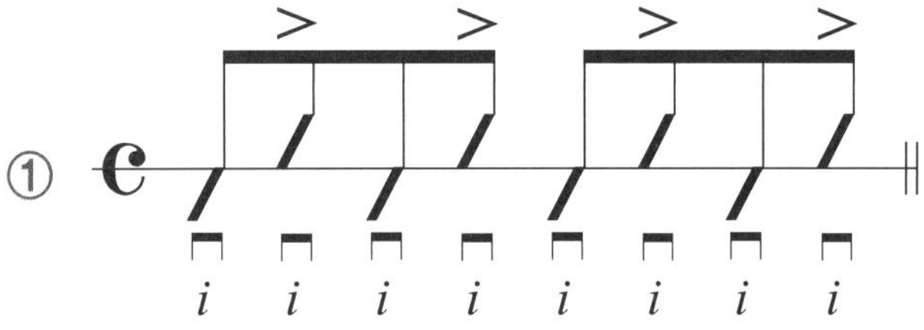

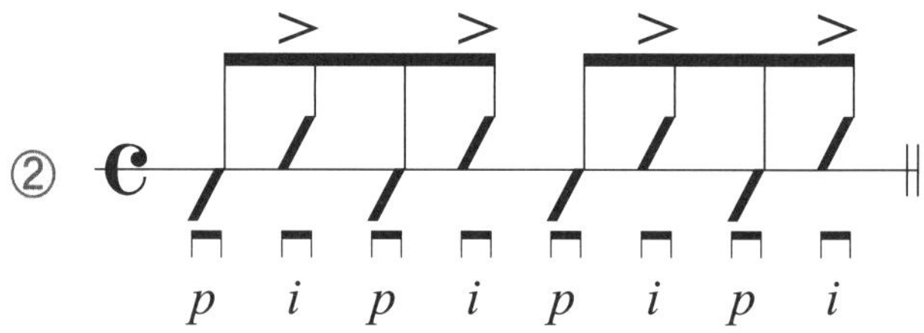

TIP

저음부 음을 p로 칠때 p를 코드에 따라 3, 4번줄 혹은 4, 3번줄로 치면 좋습니다.
〈45페이지 '근음 찾기' 참조〉

모두가 천사라면

박건호 작사
작자 미상

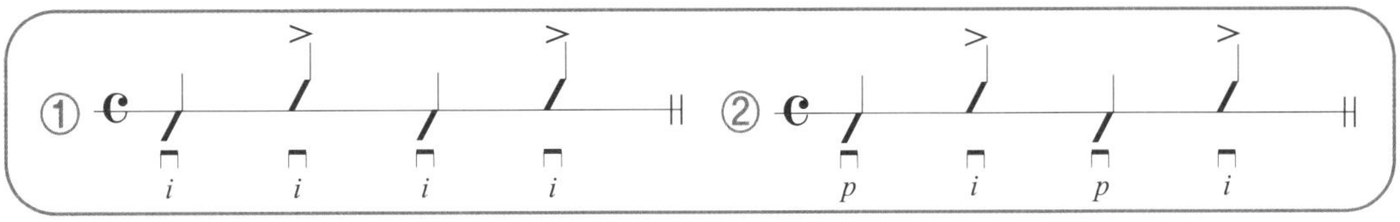
①
i i i i
②
p i p i

Low G

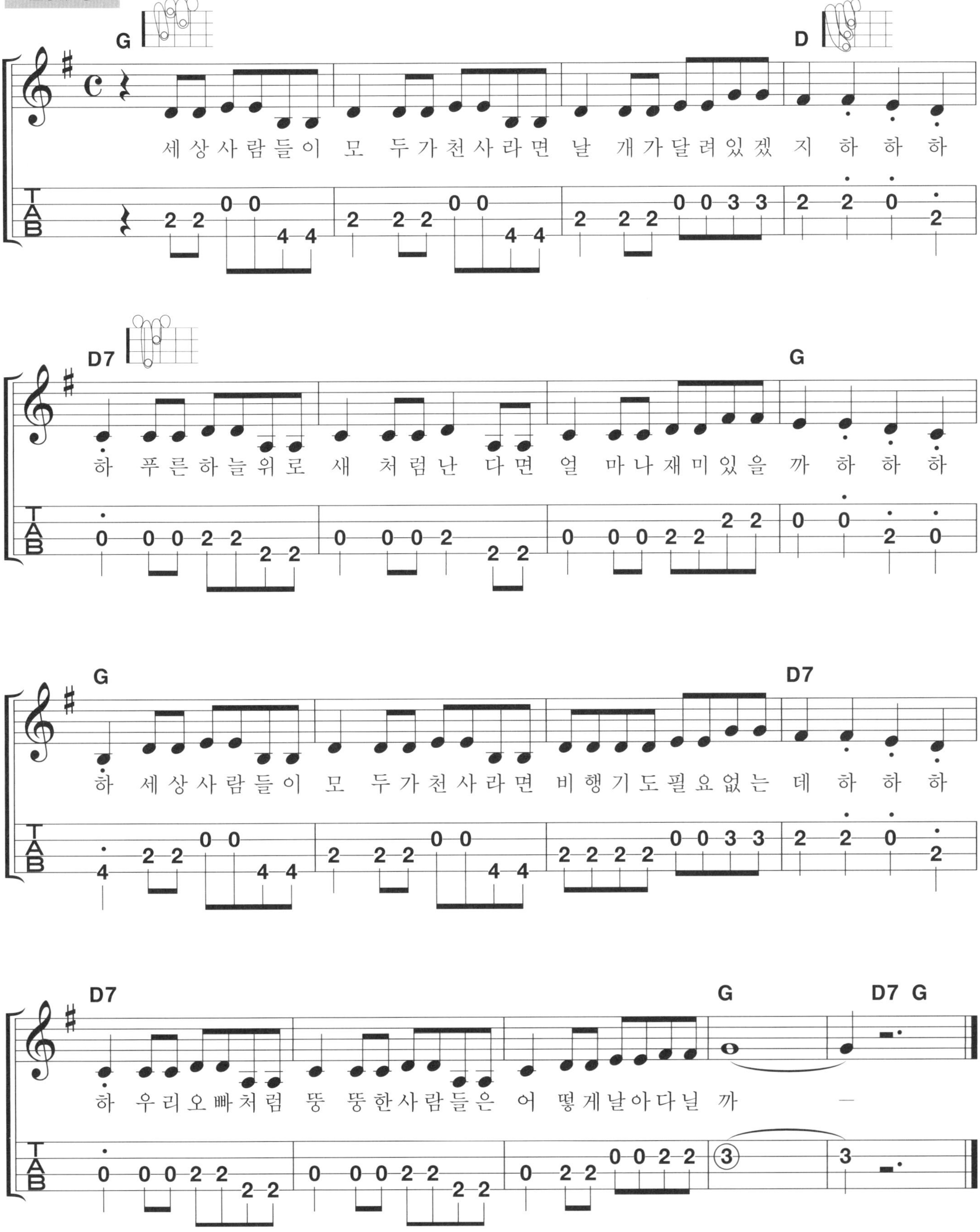
G D
세 상 사 람 들 이 모 두 가 천 사 라 면 날 개 가 달 려 있 겠 지 하 하 하
D7 G
하 푸 른 하 늘 위 로 새 처 럼 난 다 면 얼 마 나 재 미 있 을 까 하 하 하
G D7
하 세 상 사 람 들 이 모 두 가 천 사 라 면 비 행 기 도 필 요 없 는 데 하 하 하
D7 G D7 G
하 우 리 오 빠 처 럼 뚱 뚱 한 사 람 들 은 어 떻 게 날 아 다 닐 까 —

봄

정정명 작사
이승희 작곡

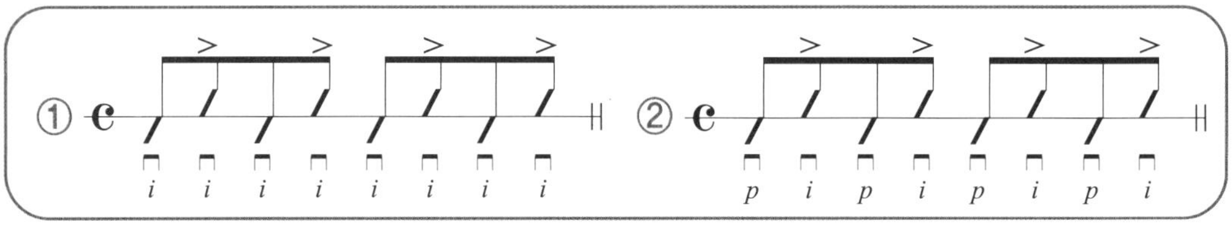
①
i i i i i i i i
②
p i p i p i p i

C F G7
저 넓은들판 에 파 랗게— 새봄 이왔 어 요
새 봄이좋아 서 이 렇게— 신바 람났 는 데
F C Am G7 C
가로 등그 늘 밑 에도— 새 봄이왔— 어 요
아이 야우 리 손 잡고— 꽃 구경가자 꾸 나
F C F G7
한방 울두 방울 내 리는— 봄비 를맞 으 며

F C D7 G7
개 나 리 진 달 래 잠 깨 어 ㅡ 모 두 들 노 래 부 르 네
C F C G7
봄 봄 봄 봄 봄 이 왔 어 요 우 리 의 마 음 속 에 도
C F G7 C
봄 봄 봄 봄 봄 이 왔 어 요 봄 이 왔 어 요

오락실

최준영 작사 · 작곡

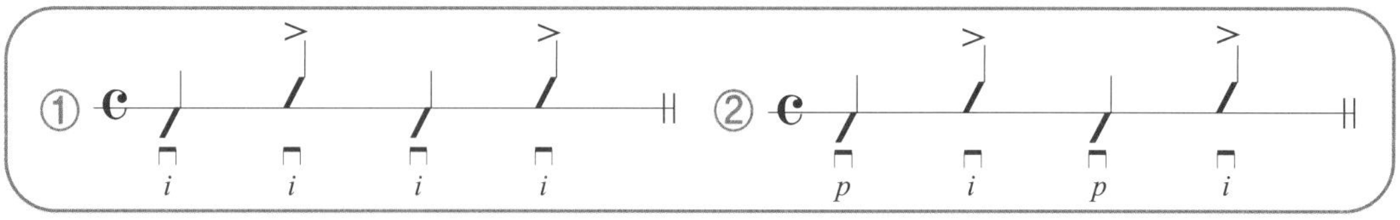

①
②
p i p i
i i i i

Low G

C Dm F G7 C G7
시 험을망 쳤 어 오 집에가기싫 었 어 열받아 서 오락실에들 어 갔 어
장 난이아 닌 걸 또 최고기록을 깼 어 처음이 란 아빠말을믿을 수가 없 어
C Dm F G7 C
어머이게누 구 야 저 대 머리아 저 씨 내가제 일 사랑하는우리아 빠
용—돈을주 셨 어 단 조 건이붙 었 어 엄마에 게 말—하지말— 랬 어
F C G7 C G7
가 끔아 빠 도 회사 에 가기싫 겠 지 엄마 잔 소리바 가지돈 타령숨 이 막 혀
늦 은밤 중 에 아빠 의 한 숨 소 리 옆엔 신 나게코 골며잠 꼬대하 는 엄 마
F Am F D G7
가 슴이 아 파 무거 운 아빠의 얼 굴 혹시 내 시험성 적—아 신건아 닐 까
가 슴이 아 파 무거 운 아빠의 얼 굴 혹시 내 일도회 사에가 기싫으 실 까

C Dm F G7 C G7
오 늘 의 뉴 스 대 낮 부 터 오 락 실 엔 이시대 의 아빠들이많 다 는 데
아 침 은 오 고 또 엄 마 의 잔—소 리 도시락 은 아—빠꺼내 꺼 두 개
C Dm F G7 C
혀 끝을— 쯧 쯧 내 차 시는엄 마 와 내눈치 를 살 피는우리아 빠
아 빠조금 있 다 또 거 기서만 나 요 오늘누 가 이 기나겨뤄봐 요
D.S.
C Dm F G7 C G7
승 부의세 계 는 오 너무너무냉 정 해 부녀간 도 소용없는오 락 한 판
C Dm F G7 C
아 빠 힘 내 요 난 아 빠를믿 어 요 아빠곁 엔 제 가 있 어 요
F G7 C F G7 C
아빨이 해 할 수 있 어 요 아 빠 를 너 무 사랑해 요

호호 아줌마

박준영 작사
정민섭 작곡

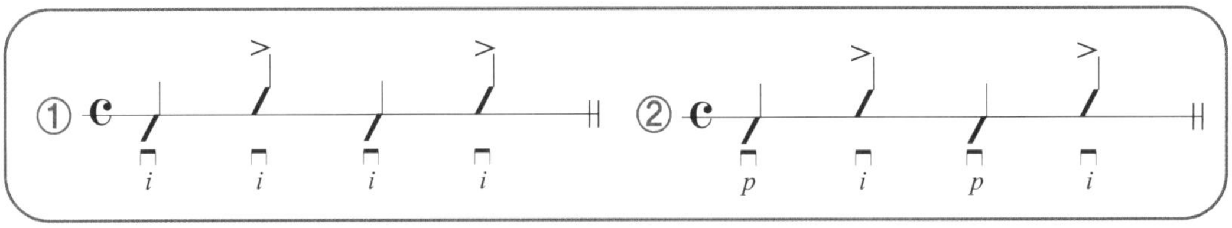
① C
i i i i
② C
p i p i

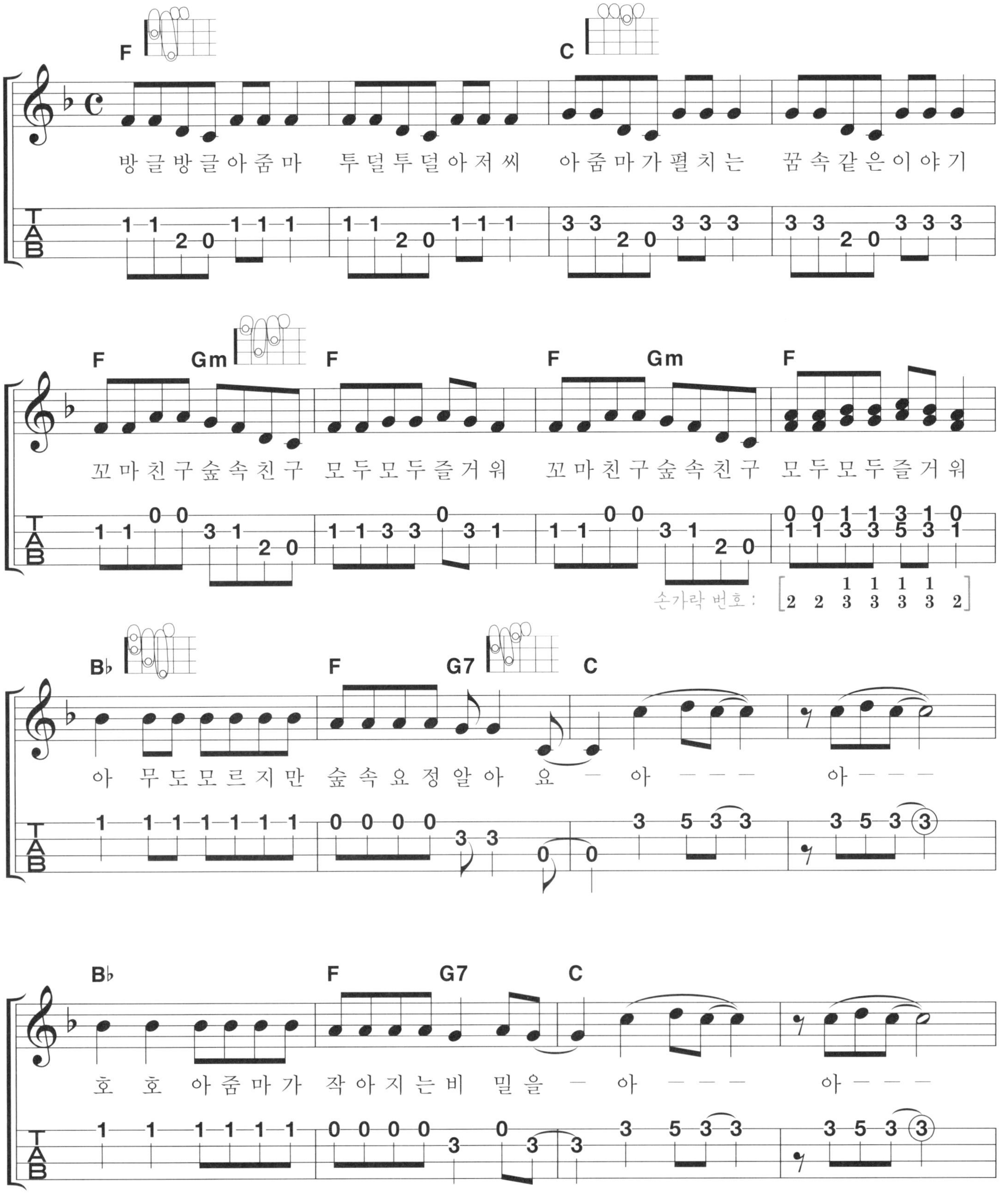
F C
방글방글아줌마 투덜투덜아저씨 아줌마가펼치는 꿈속같은이야기
F Gm F F Gm F
꼬마친구숲속친구 모두모두즐거워 꼬마친구숲속친구 모두모두즐거워
손가락 번호 :
B♭ F G7 C
아 무도모르지만 숲속요정알아 요 — 아 ——— 아 ———
B♭ F G7 C
호 호 아줌마가 작아지는비 밀을 — 아 ——— 아 ———

F
B♭
C
새를타고─ 하늘을─ 날으는호호 아줌마─
F
B♭
C
C7
개미만큼─ 작아지는─ 호호아─줌마─
F
C
오늘은오늘은 어떤일이벌어질까 하하호호아줌마 우리호호아줌마
F
Gm
F
F
Gm
F
꼬마친구숲속친구 모두모두즐거워 꼬마친구숲속친구 모두모두즐거워

트로트(Trot) 리듬

트로트(Trot) 리듬은 영국 궁중 무곡(Fox trot)에서 비롯된 장르입니다. 폴카와 유사한 리듬의 형태를 가지며, $\frac{2}{4}$박자와 $\frac{4}{4}$박자의 곡에서 사용되며 주로 1 · 3박에 저음부를, 2 · 4박은 스타카토로 짧게 끊어 연주하는 리듬입니다.

스트로크 패턴

$\frac{2}{4}$박자 계열

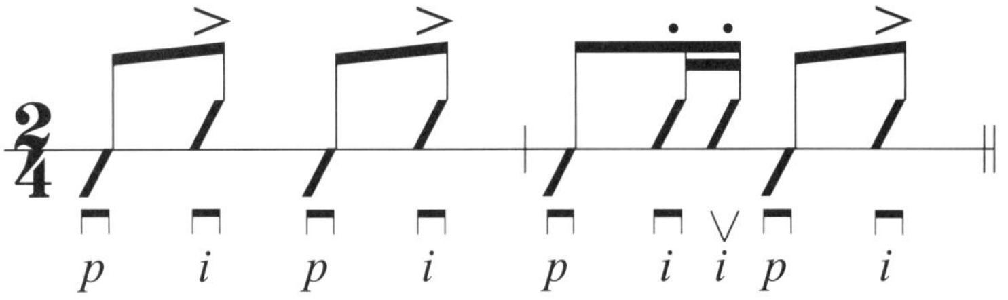

$\frac{4}{4}$박자 계열

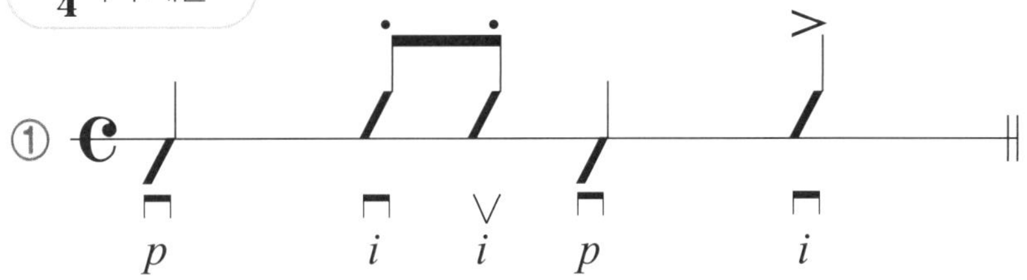

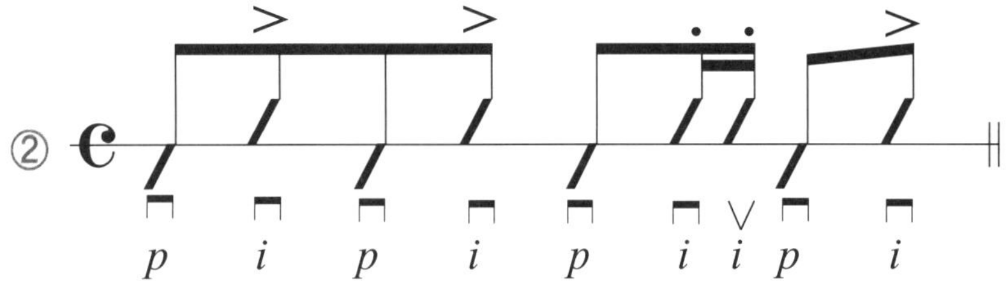

TIP

i 스트로크로 연습을 충분히 한 후 p, i 저음부 고음부를 나눠서 연습하세요.

징글벨

외국곡

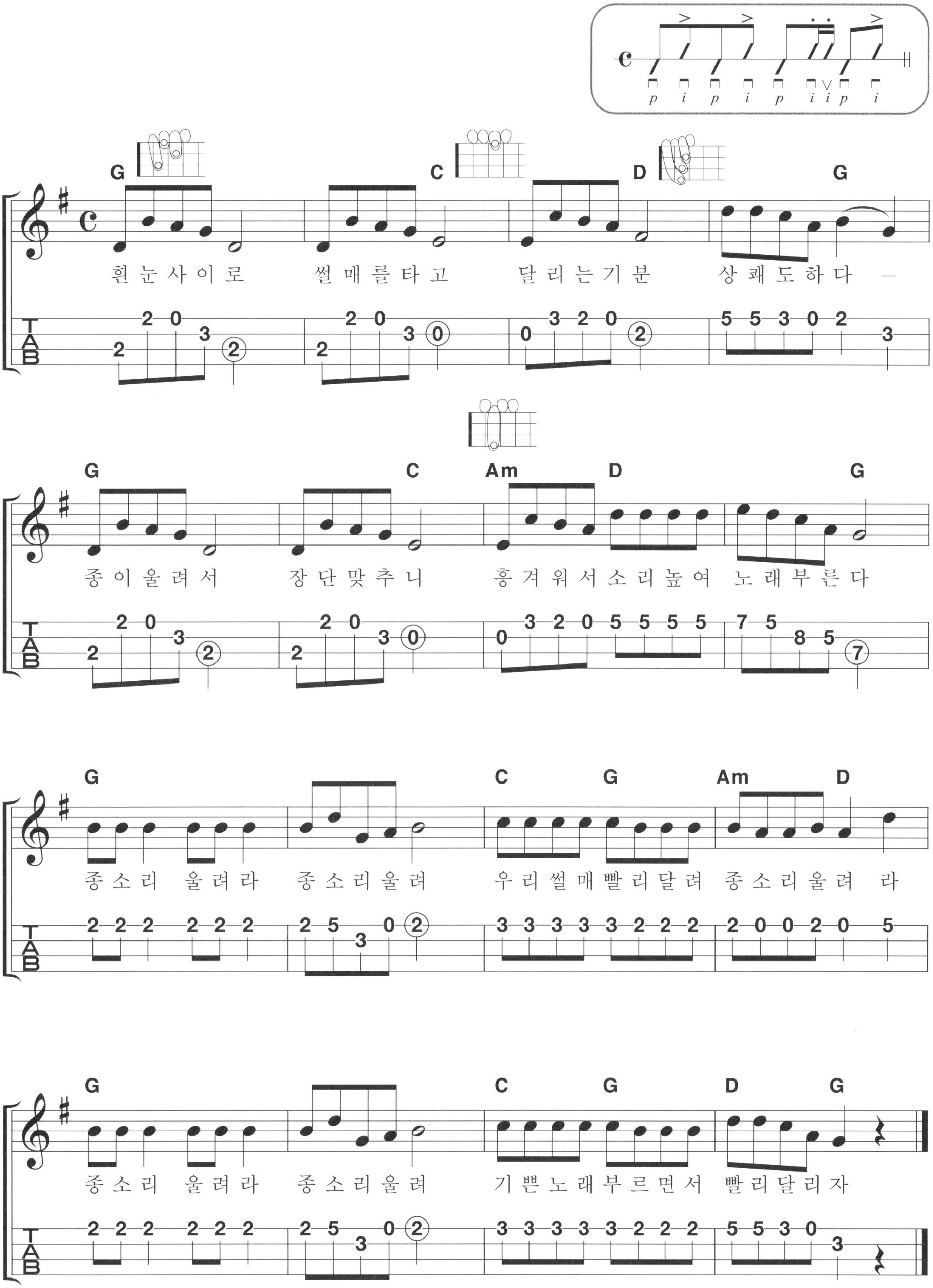

p i p i p i i p i
G C D G
흰 눈 사 이 로 썰 매 를 타 고 달 리 는 기 분 상 쾌 도 하 다 —
G C Am D G
종 이 울 려 서 장 단 맞 추 니 흥 겨 워 서 소 리 높 여 노 래 부 른 다
G C G Am D
종 소 리 울 려 라 종 소 리 울 려 우 리 썰 매 빨 리 달 려 종 소 리 울 려 라
G C G D G
종 소 리 울 려 라 종 소 리 울 려 기 쁜 노 래 부 르 면 서 빨 리 달 리 자

Nobody

박진영 작사 · 작곡

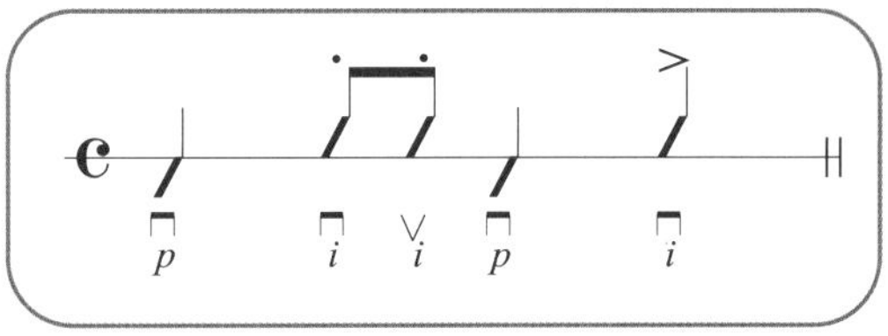

Am Dm G7 C
I want no-bo-dy no-bo-dy but you I want no-bo-dy no-bo-dy but you 난 다른
F Dm E7
사람은싫어 네가 아니면싫어 I want no-bo-dy no-bo-dy no - bo-dy no-bo-dy
Am Dm G7 CM7
난 싫은 — 데 왜 날 밀어 — 내 려 고하니자 — 꾸 내말은듣지않 — 고
Am Dm E7
왜 이렇 — 게 다 른남자에 — 게 날 보내려하 — 니 어 떻게이러 — 니

TIP

'Nobody'와 같이 '솔~높은 파'처럼 넓은 음역을 가진 곡의 멜로디를 연주할 때는 다음의 운지표와 같은 포지션에서 연주합니다.

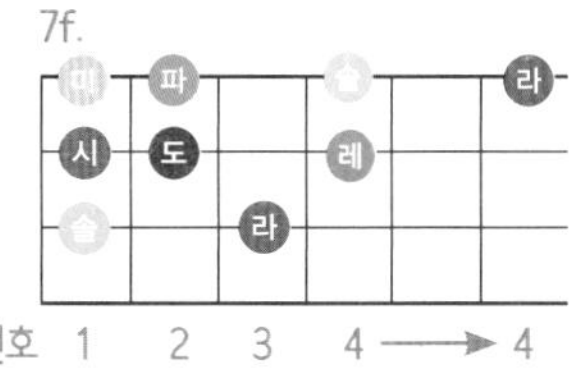
7f.
미
파
라
시
도
레
라
손가락 번호 1 2 3 4 → 4

Am Dm G7 C
날 위 해 그 렇 단 그 말 넌 부 족 하 다 는 그 말 이
F Dm E7
제 그 만 해 — 넌 나 를 알 잖 아 — 왜 원 하 지 도 않 는 걸 강 요 해 I want
Am Dm G7 C
no - bo - dy no - bo - dy but you I want no - bo - dy no - bo - dy but you 난 다른
F Dm E7
사 람 은 싫 어 네 가 아 니 면 싫 어 I want no - bo - dy no - bo - dy no - bo - dy no - bo - dy

무조건

한솔 작사
박현진 작곡

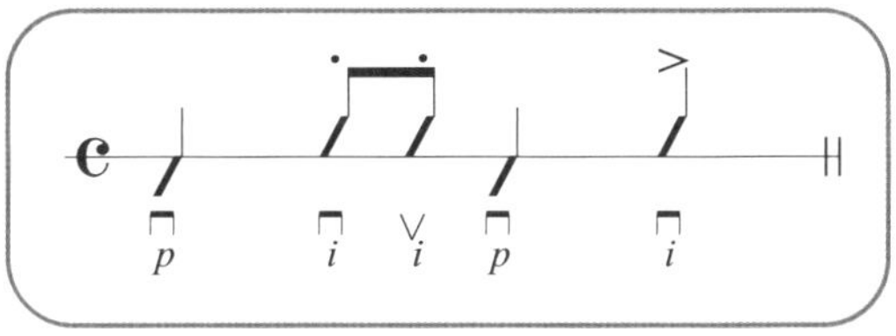
p i i p i

Low G
Am E7 Am
짜 짜 라 짜 라 짜 라 짠 짠 짠 내 — 가 필 요 할 땐 나 — 를 불 러 줘 — 언
Am G7 C E7 Am G7 C
— 제 든 지 달 려 갈 게 — 낮 — 에 도 좋 아 밤 — — 에 도 좋 아 언
Dm E7 Am E7 Am
— 제 라 도 달 려 갈 게 — 다 — 른 사 람 들 이 나 — 를 부 르 면 — 한
Am G7 C E7 Am G7 C
— 참 을 생 각 해 보 겠 지 만 — 당 — 신 이 나 를 불 — 러 준 다 — 면
TAB

Dm E7 Am Am
무 조 건 달 려 갈 거 — 야 —
짜 짜 라 짜 라 짜 라 짠 짠 짠 당
Am F G7 E7
— 신 을 향 한 — 나 — 의 사 랑 은
무 조 건 무 조 건 이 — 야 —
Am F Dm E7
당 신 을 향 한 — 나 — 의 사 랑 은
특 급 사 랑 이 야 —
E7 Am G7
— 태 — 평 양 을 건 너 대 — 서 양 을 건 너 인 — 도 양 을 건 너 서 라
C Dm Am E7
— 도 — 당 — 신 이 부 르 면 달 려 갈 거 — 야 — 무 조 건 달 려 갈 거
Am
— 야 —
짜 짜 라 짜 라 짜 라 짠 짠 짠

사랑의 트위스트

이수진 작사
설운도 작곡

p i p i p i i p i
Low G
D G G7 D
학 창 시절 에— 함 께 추 었던— 잊 지 못 할 샹 하이트위스트 —
그 녀 와함 께— 신 나 게 추던— 잊 지 못 할 샹 하이트위스트 —
G D A D
나 팔 바 지에— 빵 집을누비 던— 추 억 속의 사 랑의트위스트 —
단 발 머 리에— 미 소가예뻤 던— 추 억 속의 사 랑의트위스트 —
G D Em A
샹하이샹하이샹하이 트위스트추면 서— 난 생 처 음 그녀를 알았 고
G D G E7 A
샹하이샹하이샹하이 트위스트추면 서— 온 동 네를 주 름 잡았 던
그 녀 에게 빠 져 버렸 던
D G A D
사 랑 했 던 모 든 사 람들 — — 잊 지 못 할 추억의 트위스트 —
터 질 것 만 같 이 이 가슴 — 은 잊 지 못 할 사랑의 트위스트 —

코드 플레이 2

Em-B7코드 연결하기

① 4비트 연습하기

② 응용하기

TIP

1. ①번을 충분히 연습하여 코드를 한번에 잡을 수 있도록 연습합니다.
2. ②번을 지금까지 배운 스트로크로 충분히 연습해보세요.

근음 찾기

코드의 머리가 되는 음을 근음이라고 합니다. 예를 들어 C코드는 C(1음,도), E(3음, 미), G(5음, 솔)로 이루어져 있고 여기에서 C가 근음이 됩니다. 우쿨렐레에서는 4번줄, 3번줄이 저음부를 담당하기 때문에 저음부를 분리해서 치는 주법은 근음에 해당하는 줄을 먼저 치고 그 다음 저음부에서 다른 줄을 치면 됩니다. 근음을 찾기 힘들 때는 4번줄, 3번줄 순서로 연주합니다.

예) 폴카 리듬

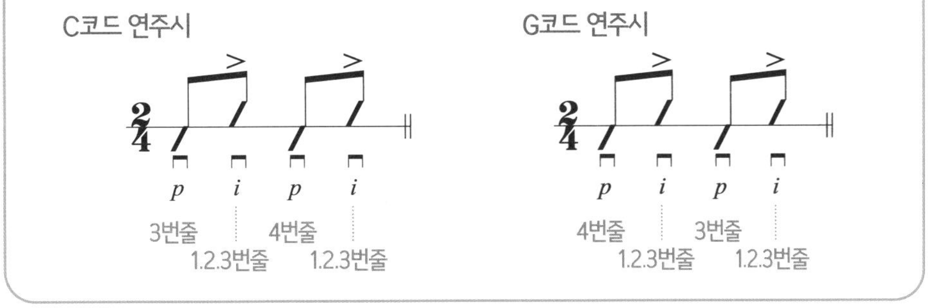

비긴(Beguine) 리듬

비긴(Beguine) 리듬은 카리브 제도의 마르티니크와 세인트루시아에서 생겨난 리듬으로 프랑스의 빠른 춤곡에서 나온 리듬입니다. 비긴 리듬은 첫 박자에 생겨나는 싱커페이션이 특징입니다.

스트로크 패턴

①

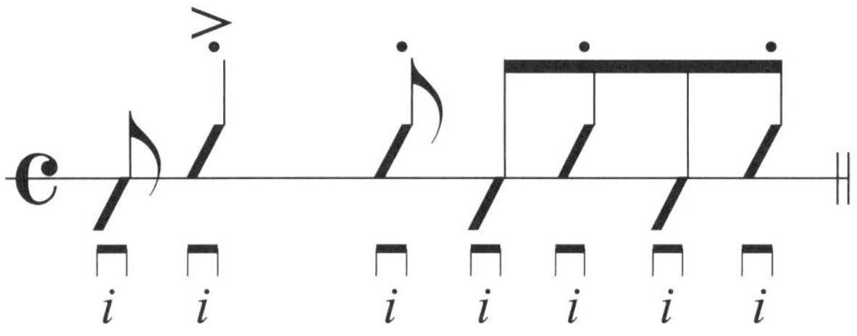

②

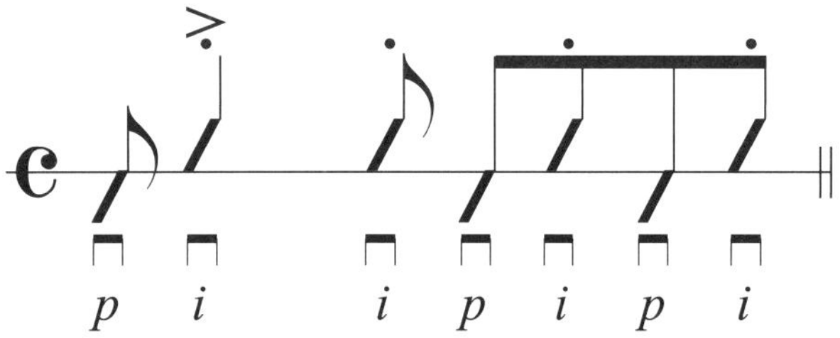

TIP

저음부와 고음부를 구분해서 i 스트로크로 연습 후 p, i 를 분리하여 연습합니다.

비둘기 집

전우 작사
김기웅 작곡

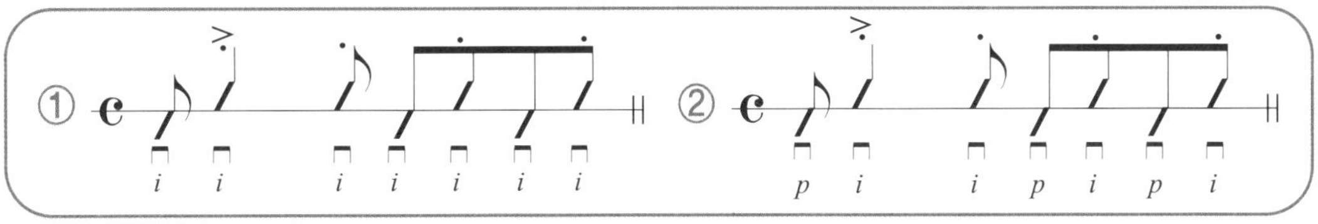

①
i i i i i i i
②
p i i p i p i

Low G

G Em C D7
비 둘 기 처 럼 다 정 한 사 람 들 이 라 면
비 둘 기 처 럼 다 정 한 사 람 들 이 라 면
G Em Am D7 G
장 미 꽃 덩 쿨 우 거 진 그 런 집 을 지 어 요
포 근 한 사 랑 엮 어 갈 그 런 집 을 지 어 요
Fine
B7 Em Am D7
메 아 리 소 리 해 맑 은 오 솔 길 을 따 라
G C Am D7
산 새 들 노 래 즐 거 운 옹 달 — 샘 터 에
D.C. al Fine

아기염소

이해별 작사
이순형 작곡

Low G
A
E7
파 란 하 늘 파 란 하 늘 꿈 이 드 리 운 푸 른 언 덕 에
해 가 반 짝 곱 게 피 어 나 면 너 무 나 기 다 렸 나 봐
E7
A
아 기 염 소 여 럿 이 풀 을 뜯 고 있 어 요 해 처 럼 밝 은 얼 굴 로
풀 짝 폴 짝 콩 콩 콩 흔 들 흔 들 콩 콩 콩 신 나 는 아 기 염 소 들
Fine
Am
빗 방 울 이 뚝 뚝 뚝 뚝 떨 어 지 는 날 에 는 잔 뜩 찡 그 린 얼 굴 로
Dm
E7
엄 마 찾 아 음 — 매 아 빠 찾 아 음 — 매 울 상 을 짓 다 가
D.C. al Fine

슬로우 록(Slow Rock) 리듬

슬로우 록(Slow Rock) 리듬은 블루스 음악이나 부기우기, 셔플에서 발전한 리듬으로 한 박을 셋잇단으로 나눠 셋잇단 음표가 연속되는 12Beat의 리듬입니다. 슬로우 록, 혹은 록 발라드라고도 합니다.

스트로크 패턴

①

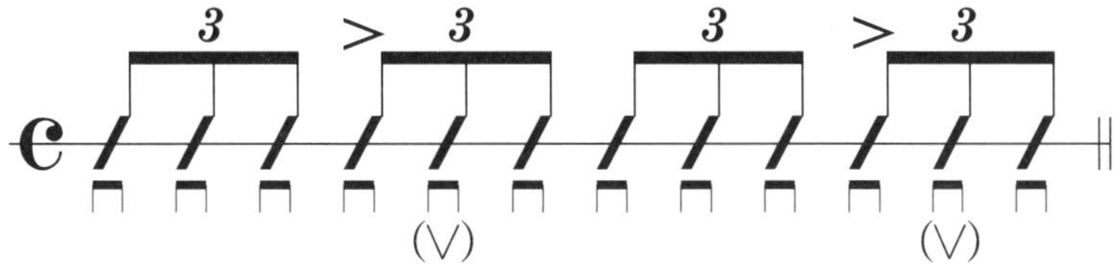

②

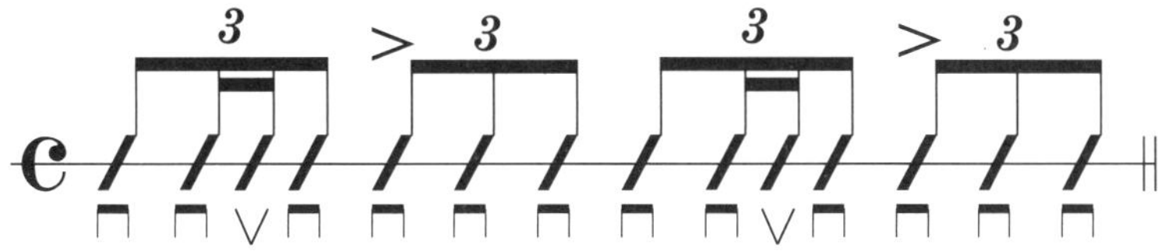

TIP

①번 연주시 괄호가 있는 부분의 다운 스트로크는 업 스트로크(V)로 바꾸어 연주해도 좋습니다.

아르페지오 패턴

①

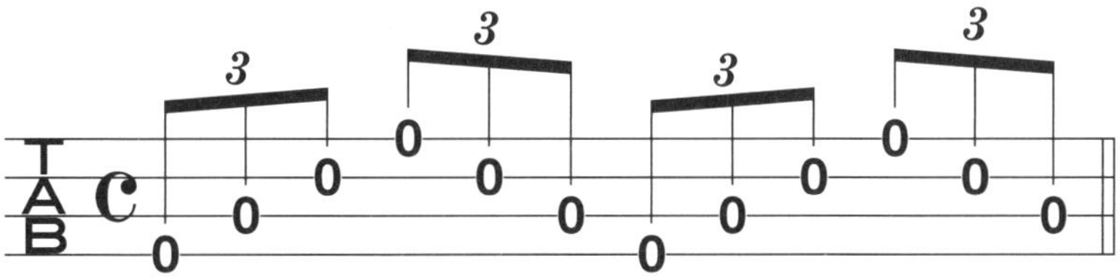

손가락번호	*p*	*i*	*m*	*a*	*m*	*i*	*p*	*i*	*m*	*a*	*m*	*i*
줄번호	4	3	2	1	2	3	4	3	2	1	2	3

②

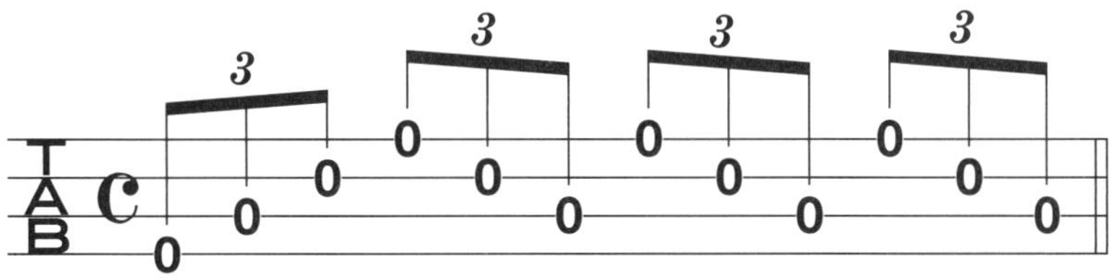

손가락번호	*p*	*i*	*m*	*a*	*m*	*i*	*a*	*m*	*i*	*a*	*m*	*i*
줄번호	4	3	2	1	2	3	1	2	3	1	2	3

TIP

아르페지오 연주시 한 마디에 코드 2개가 나올 때는 ①번 아르페지오로 연주합니다.

코드 플레잉 3

'리자로 끝나는 말' 곡으로 슬로우 록 스트로크와 아르페지오를 연습하세요.

리자로 끝나는 말

윤석중 작사
작자 미상

C Key
C G7 C G7 C
리 리 리 자 로 끝 나 는 말 은 — 괴나리보따리 댑사리소쿠리 유 리 항 아 리 —
D Key
D A7 D A7 D
리 리 리 자 로 끝 나 는 말 은 — 괴나리보따리 댑사리소쿠리 유 리 항 아 리 —
F Key
F C7 F C7 F
리 리 리 자 로 끝 나 는 말 은 — 괴나리보따리 댑사리소쿠리 유 리 항 아 리 —
G Key
G D7 G D7 G
리 리 리 자 로 끝 나 는 말 은 — 괴 나 리 보 따 리 댑사리소쿠리 유 리 항 아 리 —
A Key
A E7 A E7 A
리 리 리 자 로 끝 나 는 말 은 — 괴 나 리 보 따 리 댑사리소쿠리 유 리 항 아 리 —

두 개의 작은 별

윤형주 작사
하인체 작곡

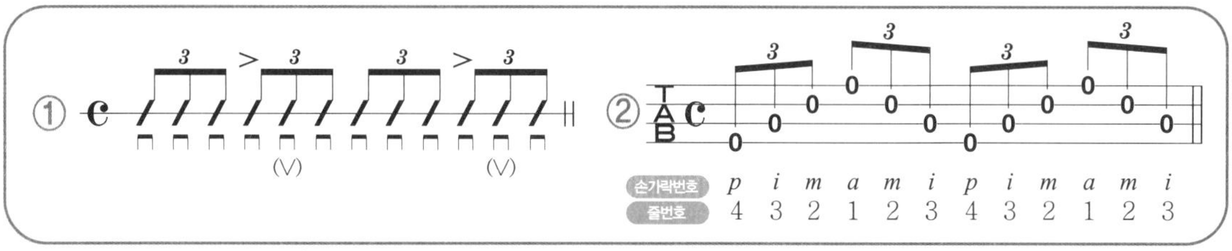
①
(V) (V)
②
손가락번호 p i m a m i p i m a m i
줄번호 4 3 2 1 2 3 4 3 2 1 2 3

D A E7
저 별 은 나 의 별 저 별 은 너 의 별 별 빛 에 물 들 은 밤 같 이
라 라 라 라라라 라 라 라 라라라 라 라 라 라라라
A D A
까 만 눈 동 자 저 별 은 나 의 별 저 별 은 너 의 별 아 침 이
라 라 라 라 라 라라라 라 라 라 라라라 라 라 라 라라라
E7 A
슬 — 내 릴 때 — 까 지 별 이 지 면 — 꿈 도
라 — 라 라 라 — 라
A E7
지 고 — 슬 픔 만 남 아 요 창 가 에 지 는 — 별 들 의
E7 A A
미 소 — 잊을 수 가 없 어 요 라 라 라 라
D.S. al Coda

만남

박신 작사
최대석 작곡

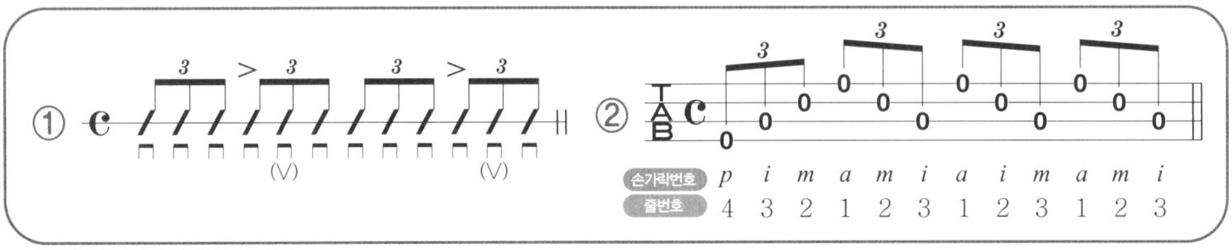

①
②
손가락번호 p i m a m i a i m a m i
줄번호 4 3 2 1 2 3 1 2 3 1 2 3

Low G

D G A7
우 리 만 남 은 우 연 이 아 니
D A7
야 그 것 은 우 리 의 바 램 이 었
D G A7
어 잊 — 기 엔 너 무 한 나 의 운 명 — 이 었 기

D A7
에 바랄수 는 없지 만 영원 을 태 우
D G D
리 돌 아 ㅡ 보 지 ㅡ 말 아 후 회 ㅡ 하 지 ㅡ 말
A7 D G D
아 아 ㅡ 바 보 같 은 ㅡ 눈 물 ㅡ 보 이 지 ㅡ 말
A7 D G D A7 D
아 사ㅡ랑 해 사ㅡ랑 해 ㅡ 너 를 ㅡ 너 를 ㅡ 사 랑 해

나 항상 그대를

김민정 작사
송시현 작곡

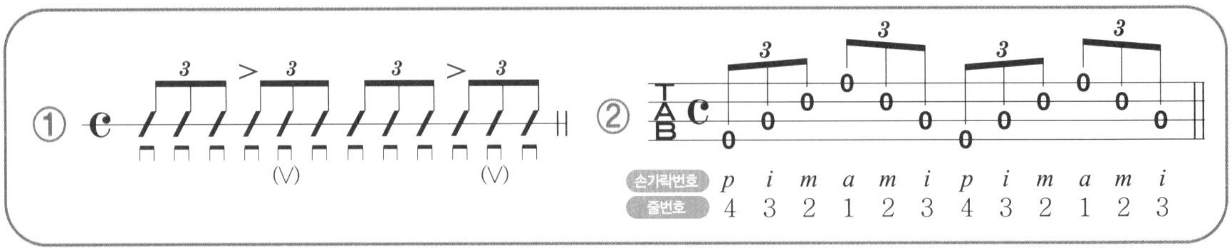
①
②
손가락번호 p i m a m i p i m a m i
줄번호 4 3 2 1 2 3 4 3 2 1 2 3

Low G

G Bm Em D7
나 항 상 그 대를— 보 고 파 하는데— 맘 처 럼 가 까 울수없 어
나 항 상 그 대를— 그 리 워 하는데— 그 대 는 어 디 로떠났 나
G Bm Em C7 G
오 늘 도 빛바랜— 낡은 사 진속에— 그 대 모 습 그 리 워 하—네—
다 정 한 그모습— 눈물 로 여울져— 그 대 여 내 게 돌 아 와—요—
B7 Em C C7 D7
돌아 와그 대— 내게 돌아 와— 나 온 통 그 대 생각뿐 이 야—

TIP

B코드에서 B7코드로 진행할 때 바레코드를 사용해서 연습해보세요.

B
바레코드 사용
B7

· 바레코드란? 한 프렛에서 한 손가락으로 여러 현을 동시에 누르는 것을 바레(세하/하이)코드라고 합니다.

B B7 Em C D D7
불같 은나 의사 랑 피할 수없 어— 그대 여내 게— — 돌 아
G
와 요—
D.C. al Coda
D7 G B Em
— 돌아 와그 대— 내게 돌아 와—
C C7 D7 B B7 Em
나 온 통 그 대 생각뿐 이 야— 오————— 불같 은나 의사 랑 피할 수없 어—
C D D7 G
그 대 여 내 게— — 오——돌 아 와 요— —

컨트리(Country) 리듬

컨트리(Country) 리듬은 미국 서부의 옛 카우보이들의 전통 음악에서 유래되었으며, 초기의 연주 스타일은 단순하였지만 재즈풍의 스윙이나 팝, 가요 등에서 다양한 스타일로 연주되고 있고, 빠른 8비트나 16비트에서 연주됩니다. 저음부 고음부를 나눠서 연습하세요.

스트로크 패턴

①

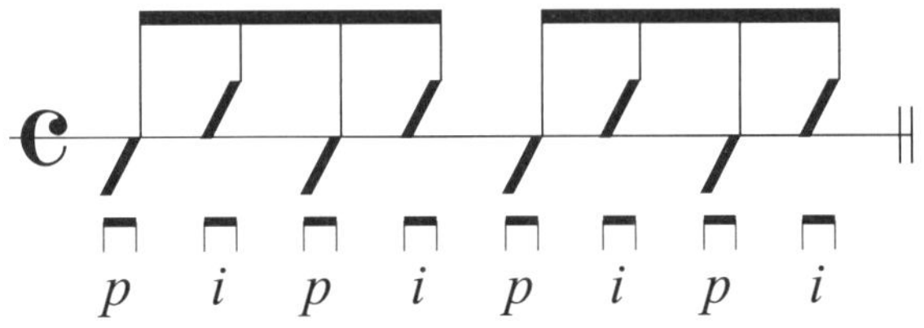

②

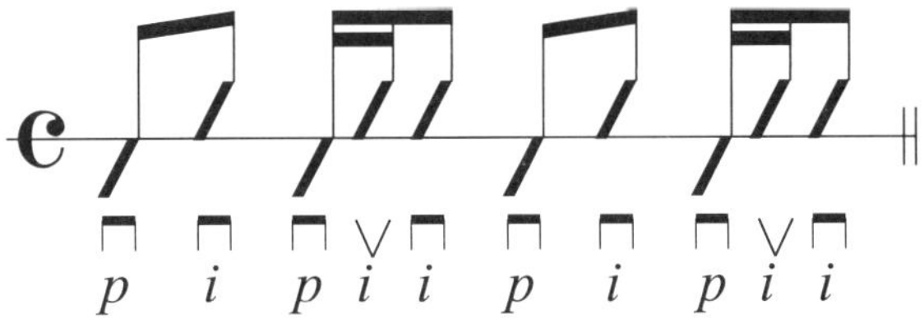

아르페지오 패턴

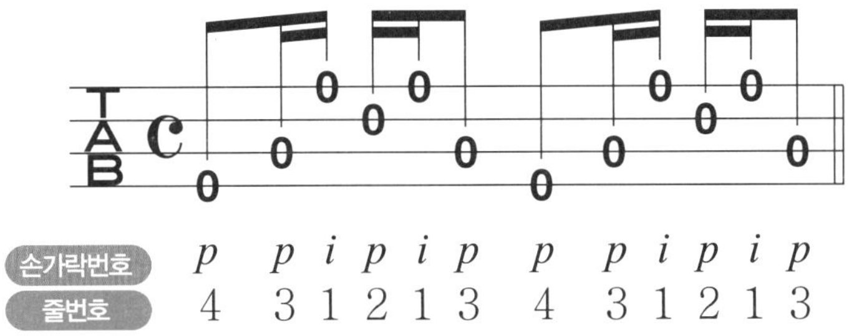

바람이 불어오는 곳

김광석 작사 · 작곡

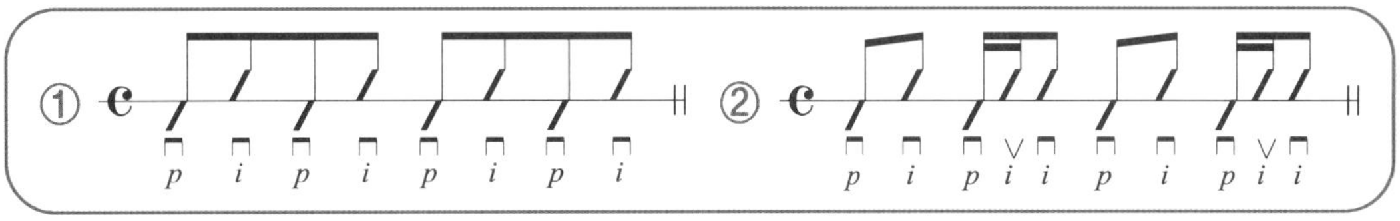

① ② p i p i p i p i
p i p i i p i p i i

Low G

C Em7 Am F G7 C
바 람 이 불 어오 는 곳 그 곳 — 으 로 가 네
C Em7 Am F G7 C
그 대 의 머 리결 같 은 나 무 — 아 래 — 로
F G7 C Am F G7 C
덜 컹 이 는 기 차 에 기 대 어 너 에게 편 지 를 쓴 다
C Em7 Am F G7 C
꿈 에 — 보 — 았 던 길 그 길 에 서 있 — 네

일어나

김광석 작사 · 작곡

①
p i p i p i p i
②
p i p i i p i p i i
Em D Em G D Em
C G D Em G D Em
Em D Em G D Em
검 은 밤 의 가 운 데 서 있 어— 한 치 앞 도 보 이 질 않 아 어 디
끝 이 없 는—— 말 들 속 에— 나 와 너 는 지 —쳐 가 고 또 다
가 볍 게 산 다 는 건 결 —국 은— 스 스 로 를 얽 —어 매 고 세 상
C G D Em G D Em
로 가 야 하 나 어 디 에 —있 을 까 둘 러 봐 도 소 용 없 겠 지
른 행 동 으 로 또 다 른 —말 들 로 스 스 로 를 안 심 시 키 지
이 외 면 해 도 나 는 어 —— 차 피 살 아 살 아 있 ——는 걸
T
A
B

Em D Em G D Em
인 생 이란 강 물위를 뜻 없 이 부 초 처 럼 떠 다니 다 가 어느
인 정 함이 많 을수 록 새로 움 은 점 점 더 —멀 —어 지 고 그저
아 — —름 다 운— — 꽃일 수 록 빨 리 시 들 어 —— 가 고 햇살
C G D Em G D Em
고 요한 호 숫 가에 닿 으 면 물 과 함 께 썩 어가겠 지 — 일어 나
왔다 —갔 다 — 시계 추와 같 이 매 일 매 일 흔 들리겠 지 —
이 비치 면 — 투명 하던 이슬도 한 순 간 에 말 라버리 지 —
C G D Em
— 일어 나 — 다 시 한 번 해 보는 거 야 일어 나
C G D Em
1,2.
3.
— 일어 나 — 봄 의 새 싹 들 처 럼 럼 일어나
Fine
D.S. al Fine

웨딩케익

윤형주 작사
L.M.워릭, A.M.스미스 작곡

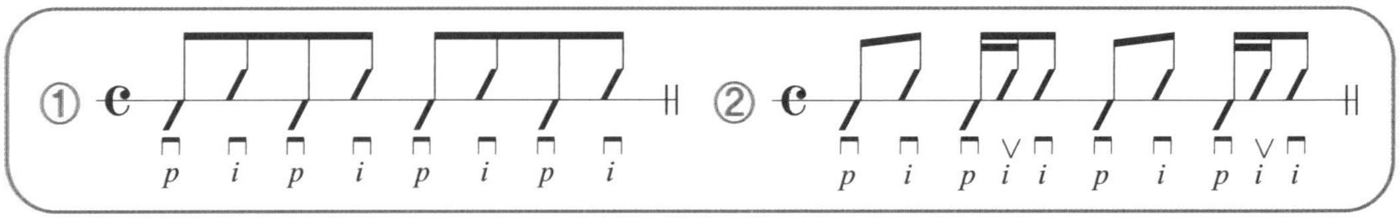
① p i p i p i p i
② p i p i i p i p i i

G Am
이 제 밤 도깊— 어 고 요한— 데 창 문을— 두드— 리는— 소 리
지 나가— 면 나 는가— 네 원 치않— 는사— 람에— 게 로
Am D7 G
잠 못 이 루고— 깨 어 나서— 창 문을 열— 고 내 어다— 보 니
눈 물 을 흘리— 면 서 나는— 가 네그 대— 아 닌 사람에 게 로
G G7 C
사람 은 간 곳이— 없 고 외로 이 남 아있— 는 저 웨딩— 케 잌
이밤 이 지 나가— 면 나 는가 네 사 랑치않 는 사 람에— 게 로
Cm G D7 G
1.
— 그 누 가 두 고갔— 나 나 는아— 네 서 글픈— 나 의 사랑— 이 여
— 마 지 막 단 한번— 만 그 대모— 습 보 게하— 여 주 오사— 랑

G G B7 E7 A
2.
이 밤이 아 아픈 내 마음— 도 모르는— 채
A Bm
멀 리 서 들 려오— 는 무 정한 새벽 종— 소 리 행 여 나
E7 A
아 쉬움— 에 그 리움— 에 그 대모— 습 보— 일— 까 창 밖 을 내 어다— 봐 도
A A7 D
이 미 사 라져— 버 린 그모 습 어 디서— 나 찾 을수— 없 어
Dm A E7 A
— 남 겨 진 웨딩 케익 만 바 라보— 며 하 염없— 이 눈 물흘— 리네 —
A E7 A
남 겨 진 웨딩 케익 만 바 라보— 며 하 염없— 이 눈 물흘— 리네 —

두 바퀴로 가는 자동차

양병집 작사
밥 딜런 작곡

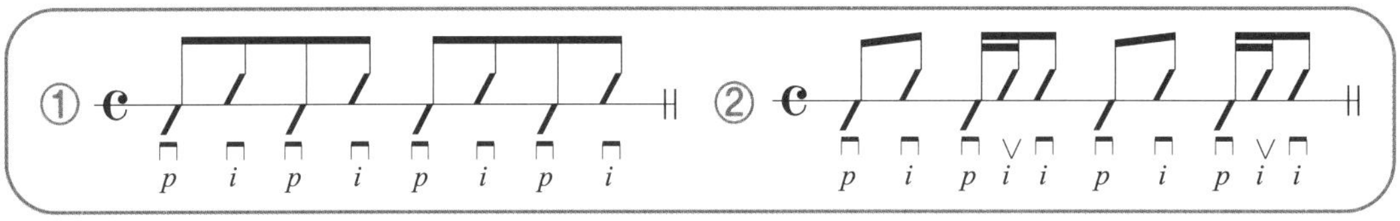
① p i p i p i p i
② p i p i i p i p i i

G Em C D
두 바 퀴 로 가 는 자 동 차 네 바 퀴 로 가 는 자 전 거
G Em C D
물 속 으 로 나 는 비 행 기 하 늘 로 나 는 돛 단 배
G Em C G D
복 잡 하 고 아 리 송 한 세 상 위 ― 로 ― 오 늘 도 애 드벌― 룬 떠 있 건 만
G Em C D G
포수에 게 잡 혀 온 잉 어 만 이 한 숨 을 내 쉰 다
TAB

셔플(Suffle) 리듬

셔플(Suffle) 리듬은 1930~1940년대 미국에서 유행한 재즈 음악에서 리듬이 변형된 장르이며, 바운스라고도 합니다. 곡에 사용된 리듬에 따라 2:1과 3:1셔플로 연주합니다.

스트로크 패턴

① 2 : 1 셔플 스트로크

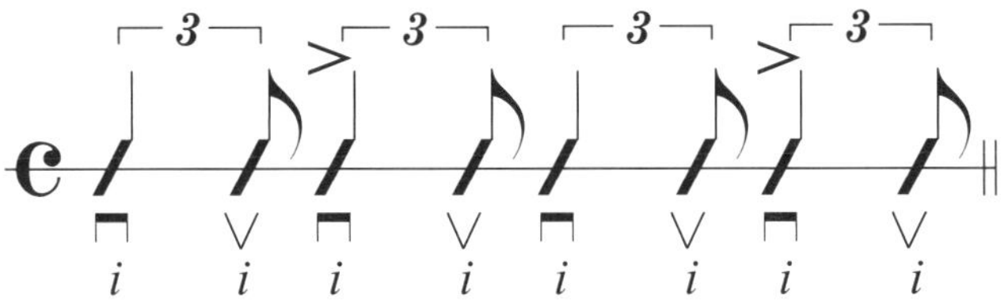

② 3 : 1 셔플 스트로크

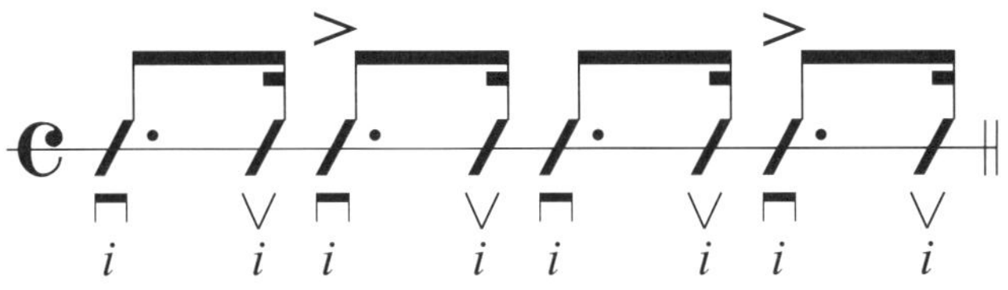

TIP p.i.p.i.p.i.p.i로 스트로크 해도 좋습니다.

아르페지오 패턴

①

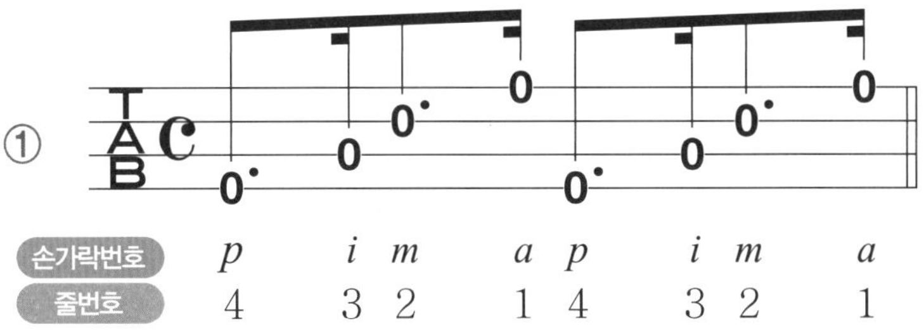

②

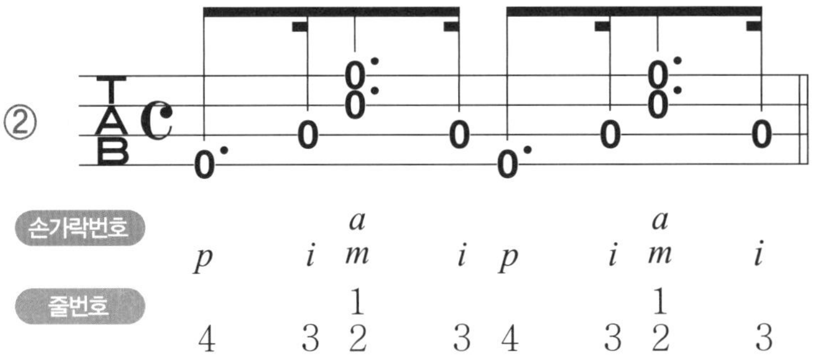

개똥벌레

한돌 작사 · 작곡

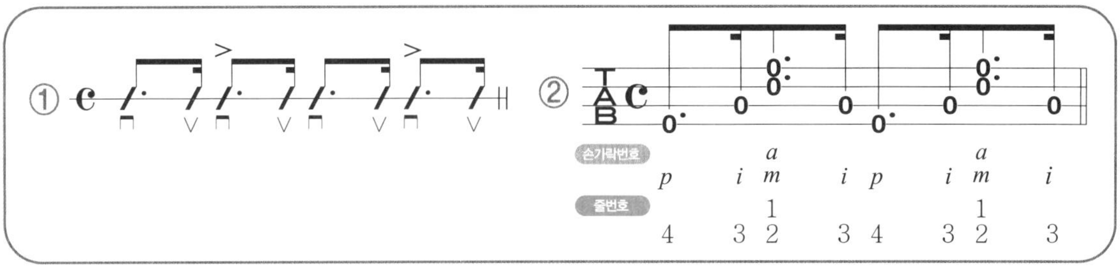

①
②
손가락번호
p i a m i p i a m i
줄번호
4 3 1 2 3 4 3 1 2 3

Low G

C G7 C C7 F E7 Am F G7 C Am
아무 리우 겨봐 도 어쩔 수 없 네 저기 개똥 무 덤이
마음 을다 주어 도 친구 가 없 네 사랑 하고 싶 지만
F G7 C G7 C G7 C C7 F E7 Am
내ㅡ 집인 걸 ㅡ 가슴 을내 밀어 도 친구 가 없 네
마음 뿐인 걸 ㅡ 나는 ㅡ개 똥벌 레 어쩔 수 없 네
F G7 C Am F G7 C
노 래 하 던 새 들 도 멀 리 날 아가 네
손 을 잡 고 싶 지 만 모 두 떠 나가 네
Am Em F G7 C
가 지마 라ㅡ 가 지마 라ㅡ 가 지 말 아 라
가 지마 라ㅡ 가 지마 라ㅡ 가 지 말 아 라

Dm G7 C Am F D7 G7
나 를 위 해 한 번 만 노 래 를 해 주 렴 나
나 를 위 해 한 번 만 손 을 잡 아 주 렴 아
C E7 Am F G7 C
나 나 나나 나 — 쓰 라 린 가 슴안 고
아 외 로운 밤 — 쓰 라 린 가 슴안 고
F G7 C Am F G7 C
오 늘 밤 도 그 렇 게 울 다 잠 이든 다
오 늘 밤 도 그 렇 게 울 다 잠 이든 다
F G7 C F G7 C G7 C
울 다 잠 이든 다 울 다 잠 이든 다

사랑빛

정용화 작사 · 작곡

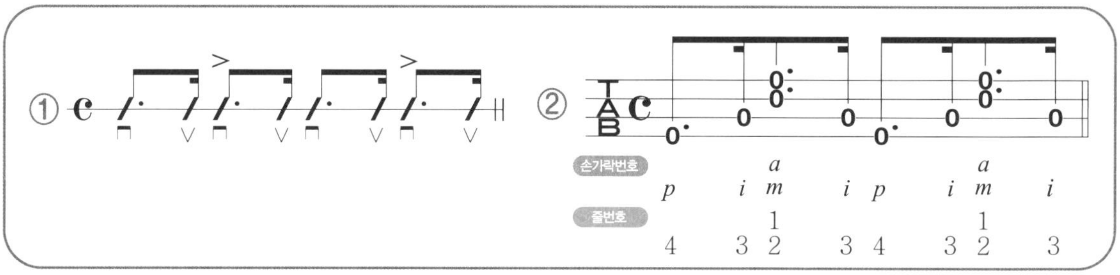
①
②
손가락번호
줄번호

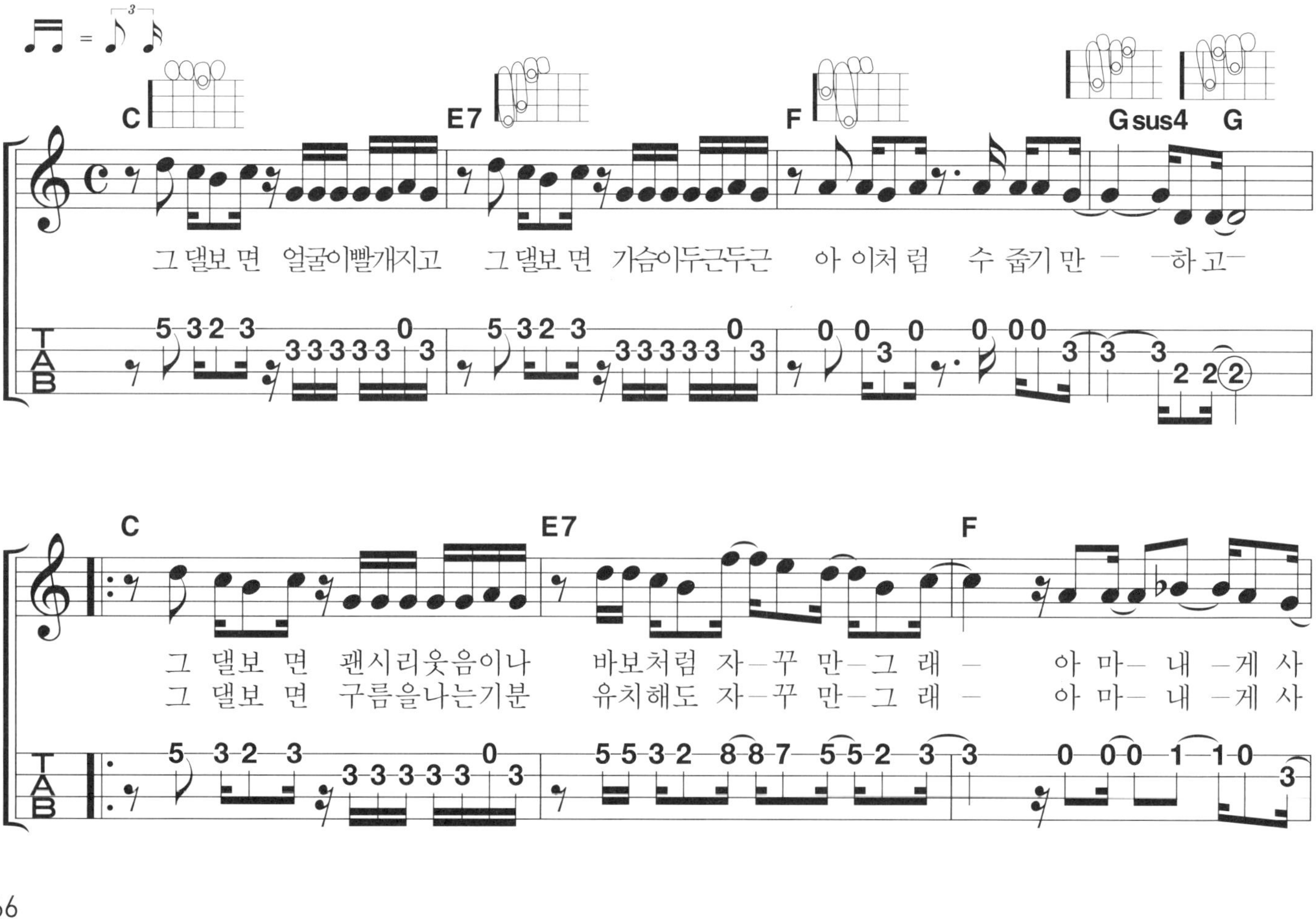
C E7 F Gsus4 G
그 댈보 면 얼굴이빨개지고 그 댈보 면 가슴이두근두근 아 이처 럼 수 줍기 만 – –하 고–
C E7 F
그 댈보 면 괜시리웃음이나 바보처럼 자–꾸 만–그 래 – 아 마– 내 –게 사
그 댈보 면 구름을나는기분 유치해도 자–꾸 만–그 래 – 아 마– 내 –게 사

Gsus4 G G C
—랑이온건가 봐— 그대는 Dar - ing— 밤하늘별빛보다
—랑이온건가 봐— 그대는 Love - ly— 저하늘햇살보다
E7 F Gsus4 G
아 름다—워 요— 내맘속 깊은 곳에서 반짝거 리는 나 만 의사—랑 빛 그대를사랑해요
눈 이부—셔 요— 내맘속 어둔 곳까지 밝게비 추는 나 만 의사—랑 빛 그대를사랑해요
C E7 F
Dar - ing— 언제나내곁에서 빛 을내—줘 요— 매일밤 바라 보고 바라 봐도
Love - ly— 두눈을감아봐도 그 대보—여 요— 이렇게 바라 보고 바라 봐도
Gsus4 G C Gsus4 G C
1. 2.
아 름다—워 요—그댄나의사랑빛 — 눈 이부—셔 요—그댄나의사랑빛 —

우리들의 겨울

이호진 작사 · 작곡

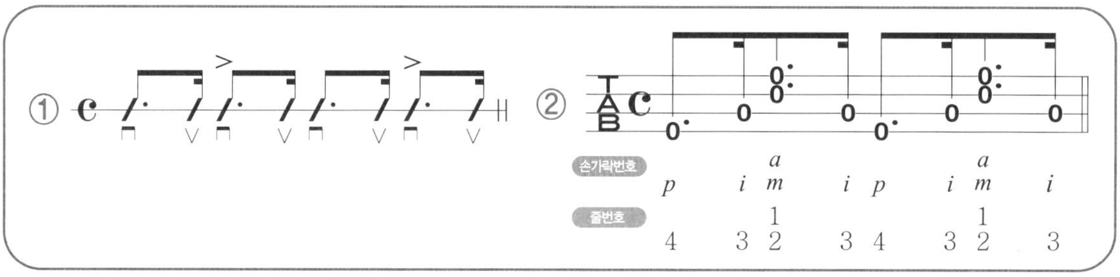
①
②
손가락번호
p i m a i p i m a i
줄번호
4 3 2 1 3 4 3 2 1 3

Low G

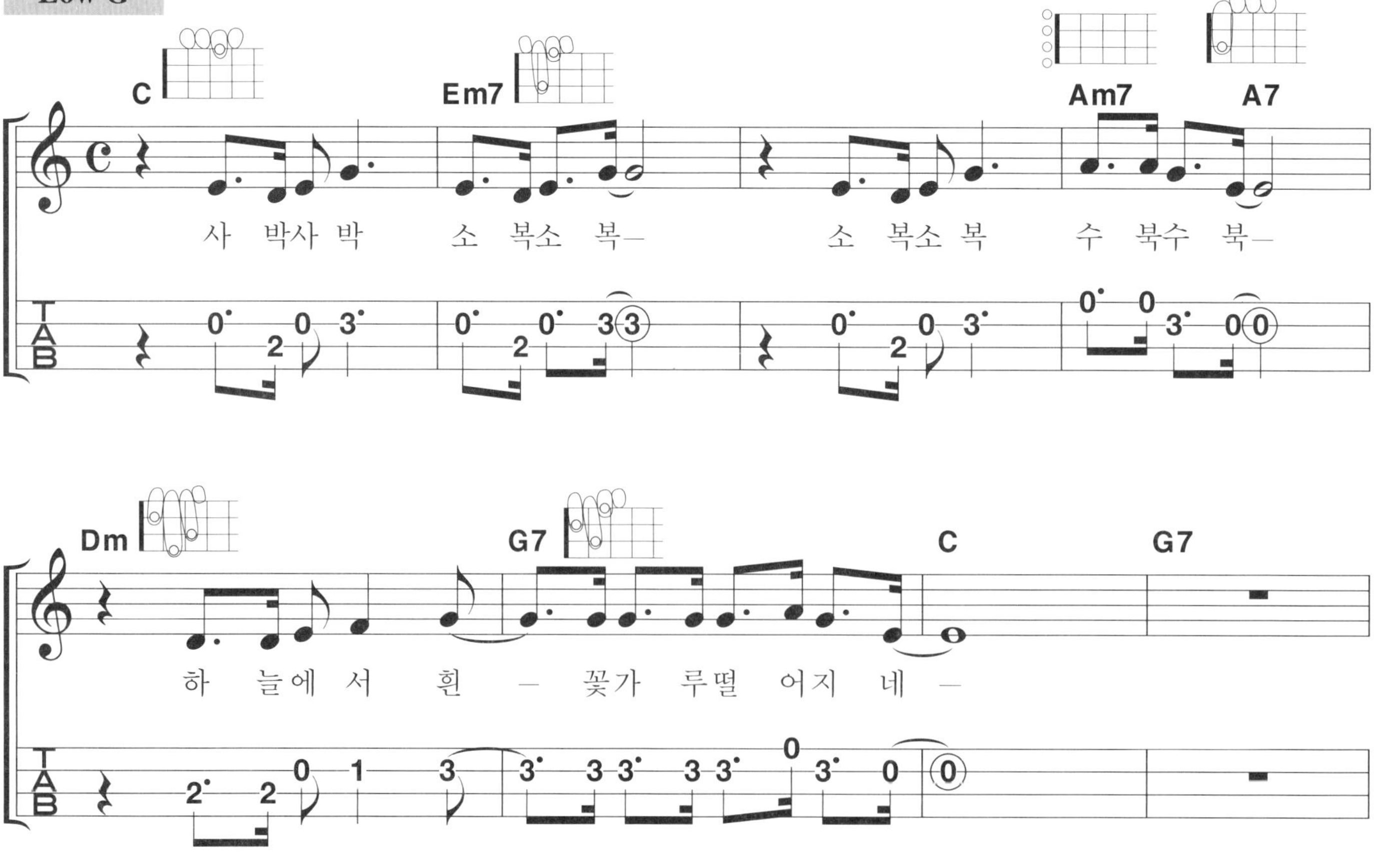
C Em7 Am7 A7
사 박사 박 소 복소 복— 소 복소 복 수 북수 북—
Dm G7 C G7
하 늘에 서 흰 — 꽃가 루떨 어지 네 —

C
Em7
Am7
A7
사 박사 박 소 복소 복— 소 복소 복 수 북수 북—
Dm
G7
C
C7
당 신 과 흰 눈밟 고걸 어가 요 —
F
G7
Em7
Am
아 당신 이 없는 이 세 상 은 눈물 과같 은 것 —

F G7 C C7
나 는정 말 당 신 모 습사 랑해 요 — 사 랑 해 — 요
Dm G7 Em7 Am
아 당 신 이 없 는 이 — 세상 은 — 암흙 과같 은 것 —
Dm D7 G7sus4 G7
나 는정 말 당 — 신모 습사 랑해 요 — —
C Em7 Am
사 박사 박 소 복 소 복— 소 복소 복 수 북 수 북—

TIP

71페이지의 가사 '한올씩~' 부터 D.S. al Fine 까지는 곡의 분위기가 달라지므로 프렛 보드 위쪽(5~12프렛 사이)에서 i로 다운 업을 재빨리 연주하는 트레몰로 스트로크로 연주하면 더욱 효과적입니다.

Dm G7 C
하 늘에 서 흰 — 꽂가 루떨 어지 네 — —
Fine
C Em7 Dm G7
한 올 씩 — — 아 침 햇 살 처 럼 그 렇 게 — 그 렇 게 왔 다 가
C C Em7 Dm
는 알 알 이 — — 밀 려 들 어 오 는
G7 C C7 F G7
그 리 운 — 그 리 운 그 대 모 습 그 대 그 대
D.S. al Fine

염소 4만원

김윤주, 박세진 작사 · 작곡

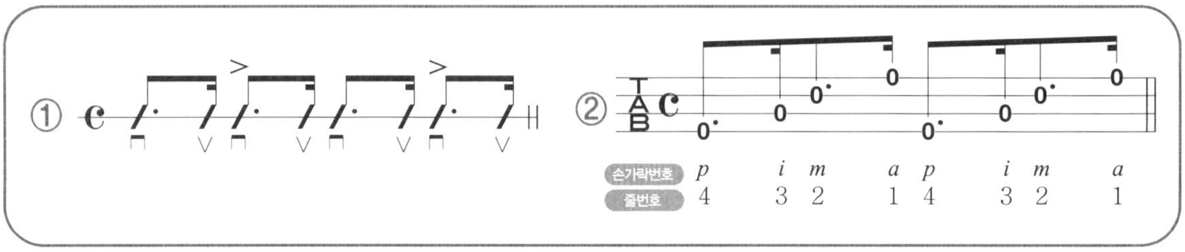
①
②
손가락번호 p i m a p i m a
줄번호 4 3 2 1 4 3 2 1

G C G C G D7
너 희들 은염 소가 얼 만지 아니 몰 라 몰 라
G C G C D7 G D7
아 프리 카에 선 염 소한 마리 사 만 원 이 래 (싸다)
G D7 G C D7
하 루에 커 피한 잔 줄 이 면 한 달에 염 소가 네 마 리

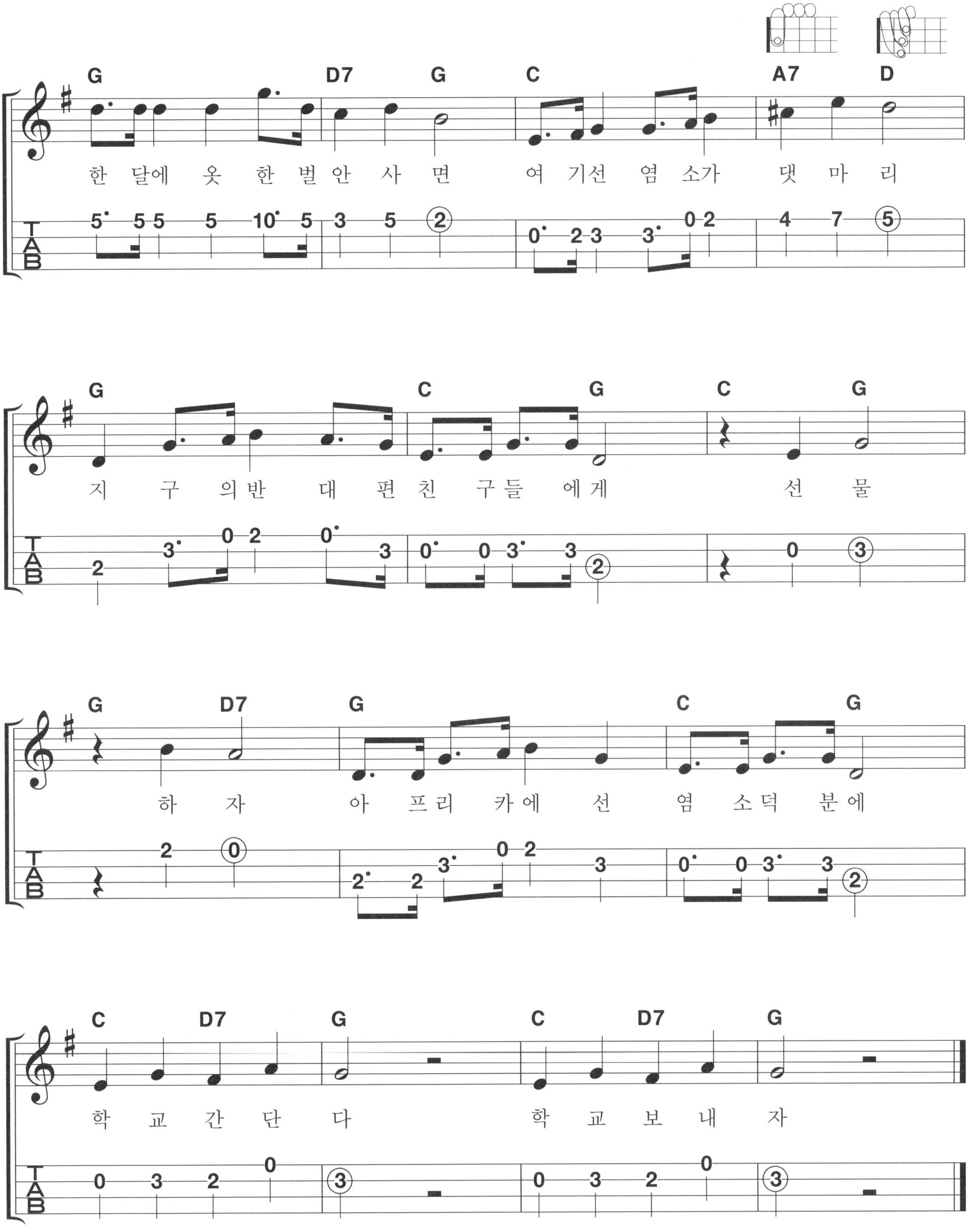
G D7 G C A7 D
한 달에 옷 한 벌 안 사 면 여 기선 염 소가 댓 마 리
G C G C G
지 구 의 반 대 편 친 구 들 에 게 선 물
G D7 G C G
하 자 아 프 리 카 에 선 염 소 덕 분 에
C D7 G C D7 G
학 교 간 단 다 학 교 보 내 자

알로하 기분 좋은 인사

이병훈 작사 · 작곡

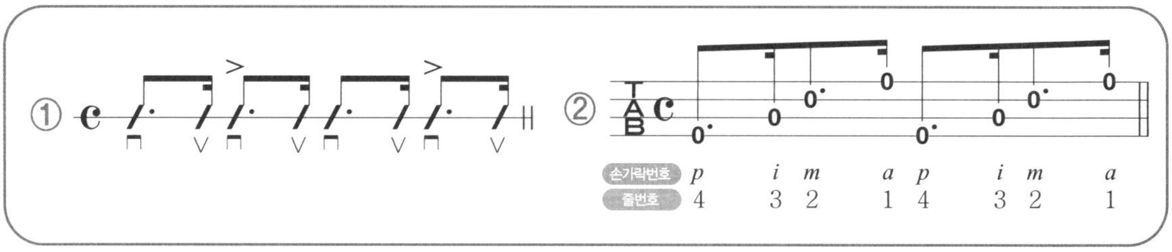
①
②
손가락번호 p i m a p i m a
줄번호 4 3 2 1 4 3 2 1

G A7 C G
알 로 하 – 코 알로 하 로 – 하 알 로 하 – 기 분좋 은 인 – 사 알로하
G A7 C G
– 코 알로 하 로 – 하 알로 하 – 우 쿨렐 레 인 – 사
Fine
G A7 C G
아 침 오 는– 소 – 리– 에– 늘 어 진 하 품과 기 – 지– 개–
G A7 C G
잠 이 덜 깬– 얼 – 굴– 로– 오 늘 도 집 앞을 나 – 서– 죠 모퉁 이

Bm7 Em7 Bm7 Em7
— 슈— 퍼 아 줌— 마 멋쟁 이 — 이발 소 아 저— 씨 모두 다
Am Am7 F D
— — — 내 게 — 다 정 한 — — 인 사 — 알로 하
G A7 C G
— 코 알로 하 로 — 하 알로 하 — 기 분좋 은 인 — 사 알로 하
G A7 C G
— 코 알로 하 로 — 하 알로 하 — 우 쿨렐 레 인 — 사
G Bm7 Em7 Bm7
반 복 되 — 는하 루 같 지— 만 나에 겐 — 특 — 별
Em7 Am Am7 F
한 아— 침 에키 파 —마이— 알 로하— 아우 이 —아— 오 헤 — 알로 하
D.S. al Fine

오 샹젤리제

M.월쉬 작사
M.디건 작곡

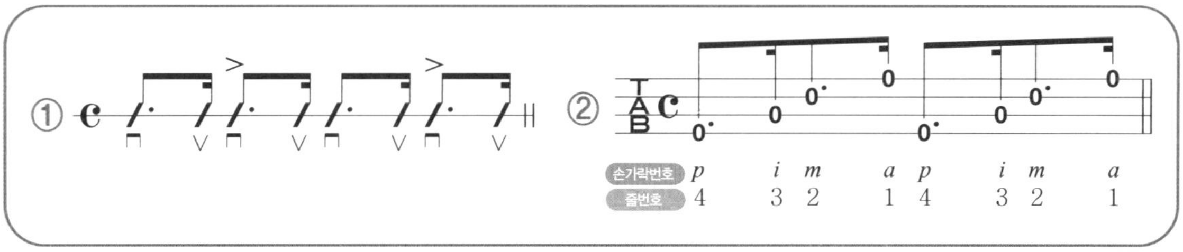
①
②
손가락번호 p i m a p i m a
줄번호 4 3 2 1 4 3 2 1

G B7 Em G7 C G A7 D7
두사람— 세사람— — 네사람— 열사람— 다 함 께걸 어가 면— 모 두 다친 구— 다
G B7 Em G7 C G C D7 G
정답게— 모두다— — 손잡고— 거리로— 다 함 께걸 어가 면— 모 두 다친 구—
G B7 Em G C G A7 D7
오 샹 젤리 제 — 오 샹 젤리 제 —
G B7 Em G7 C G C D7 G
끝없는— 가로수— 와 가로등— 그림자— 펼 쳐지 는세 계— 오 샹 젤리 제—

탱고(Tango)

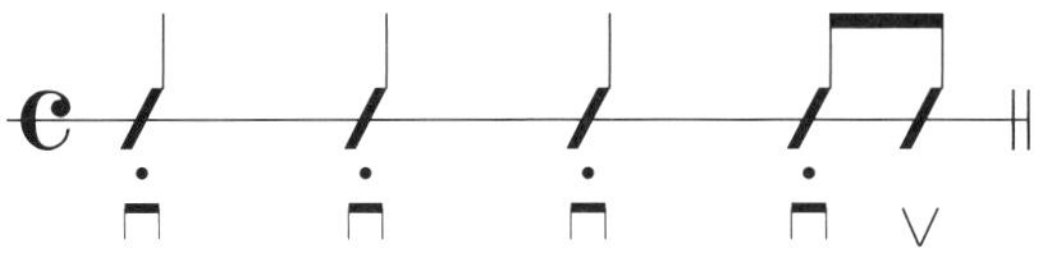

룸바(Rumba)

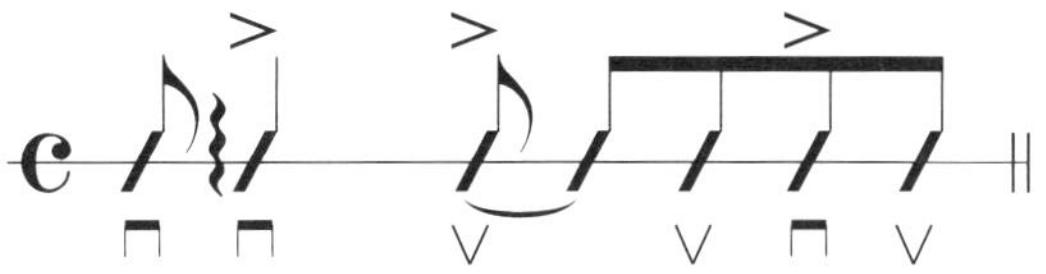

소울(Soul)

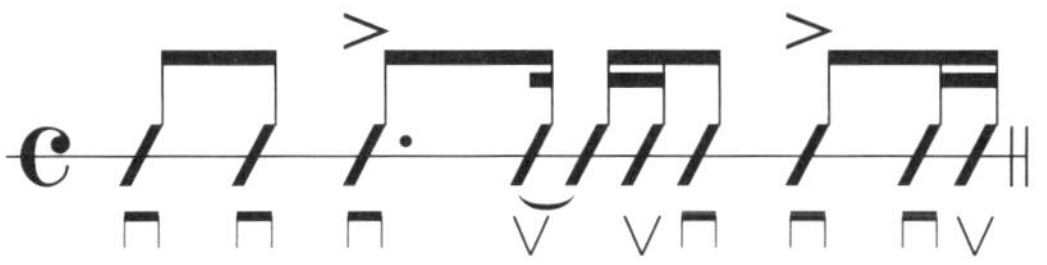

레게(Reggae)

컷팅(Cutting)

①

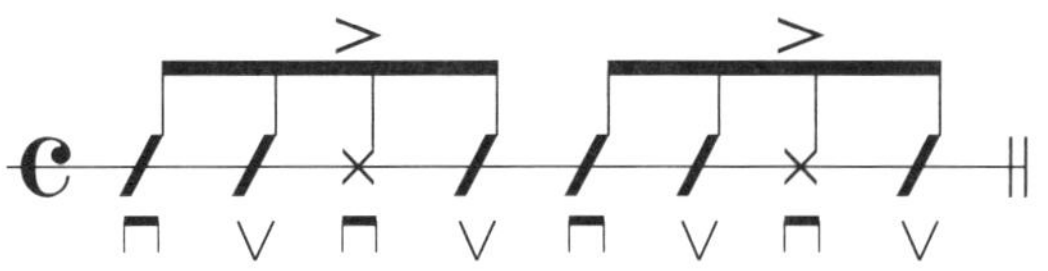

②

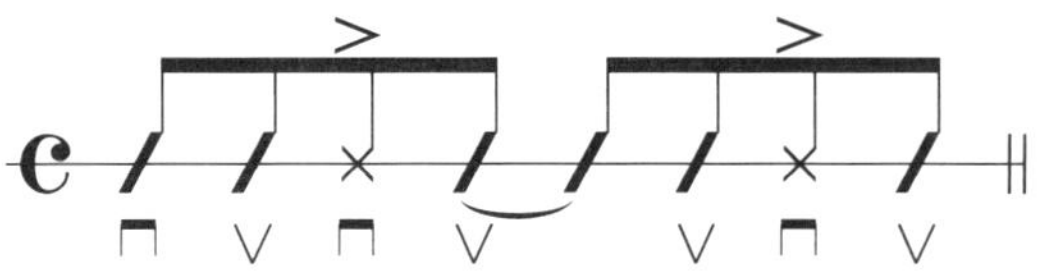

아르페지오(Arpeggio)

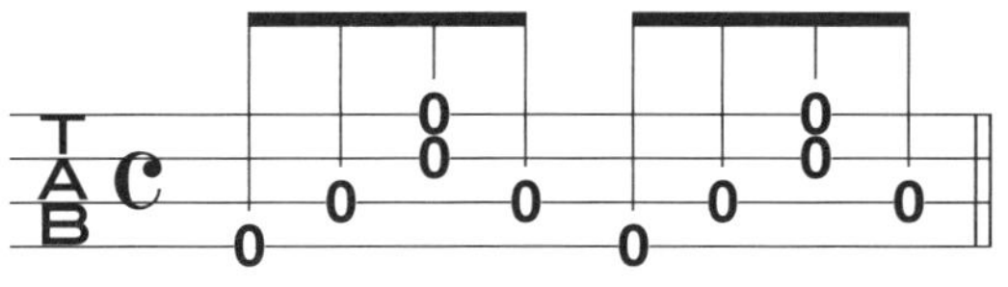

손가락번호	*p*	*i*	*a* *m*	*i*	*p*	*i*	*a* *m*	*i*
줄번호	4	3	1 2	3	4	3	1 2	3

찬찬찬

김병걸 작사
이호섭 작곡

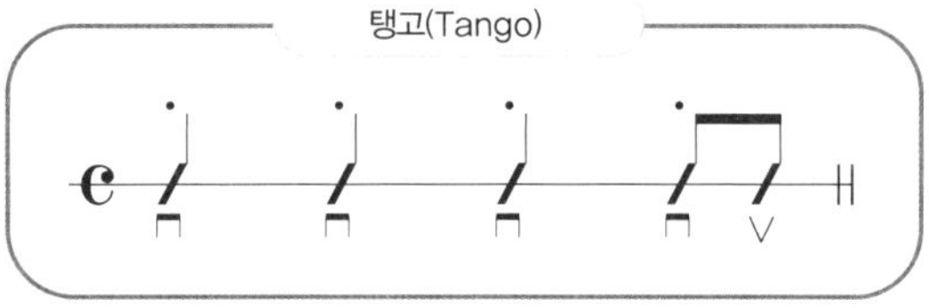
탱고(Tango)

Low G

Am Dm G C
차 디 찬 — 글 라 스 에 빨 — 간 — 립 스 틱 음 악
Am Dm E7 Am
에 묻 혀 굳 어 버 린 밤 깊 은 카 페 의 여 인 가
Am Dm Am E7
녀 린 어 깨 위 로 슬 픔 이 연 기 처 럼 피 어 오 를 때 사 랑
Am E7 Am
을 — 느 끼 면 서 다 가 선 — 나 를 향 해 웃 음

TIP

79페이지 '그러나 마음줄 곳~' 부터 끝까지의 다음의 운지표와 같은 포지션에서 연주합니다.

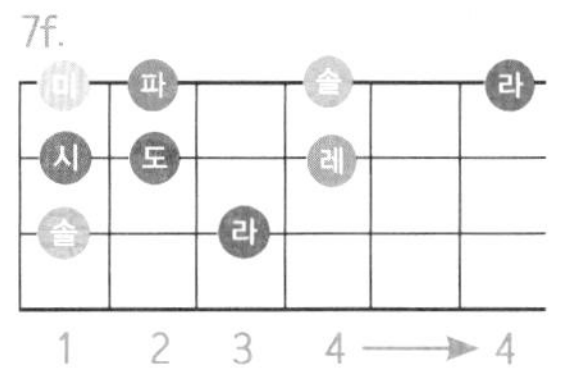
7f.
미 파 솔 라
시 도 레
솔 라
손가락 번호 1 2 3 4 4

Am E7 Dm E7
을 ― 던 지 면 서 술 잔 을 부 딪 치 며 찬 찬 찬
3 3 5 3 0 2 2 3 5 5 5 3 5 7 7 7
Am E7
그 러 나 마 음 줄 수 없 다 는 그 말 사 랑 을 할 수 없 다 는 그 말 ―
7 6 7 8 7 8 5 4 5 7 5 4 4 5 8 7 5 4 5 7 7 7 7
Am A7 Dm E7
쓸 쓸 히 창 밖 을 보 니 주르륵 주르륵 주르륵 주르륵
8 7 5 4 5 5 7 5 4 4 4 4 4 4 7 7 7 5 5 5
E7 Am
밤 새 워 내 리 ― 는 ― 빗 물 ―
7 5 8 7 7 7 7 8 7 5 5

베사메무쵸

현동주 작사
C.벨라스케스 작곡

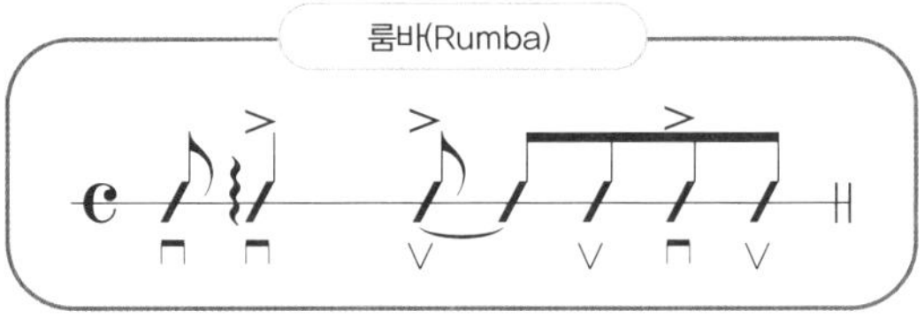
룸바(Rumba)

Dm
Gm
베 사 메 — — 베 사 메 무 쵸 — —
Gm
Dm
Gm
A7
Dm
A7
고 요 한 그 날 밤 리 라 꽃 지 던 밤 에 —
Dm
D7
Gm
베 사 메 — — 베 사 메 무 쵸 — —

Dm A7 Dm
리 라 꽃 향 기 를 나 에 게 전 해 다 오 —
Fine
Gm Dm A7 Dm
베 사 메 무 쵸 야 리 라 꽃 같 — 이 귀 여 운 아 — 가 씨
Gm Dm E7 A7
베 사 메 무 쵸 야 그 대 는 외 로 운 산 — 타 마 — 리 아
D.C. al Fine

분홍 립스틱

강인구 작사 · 작곡

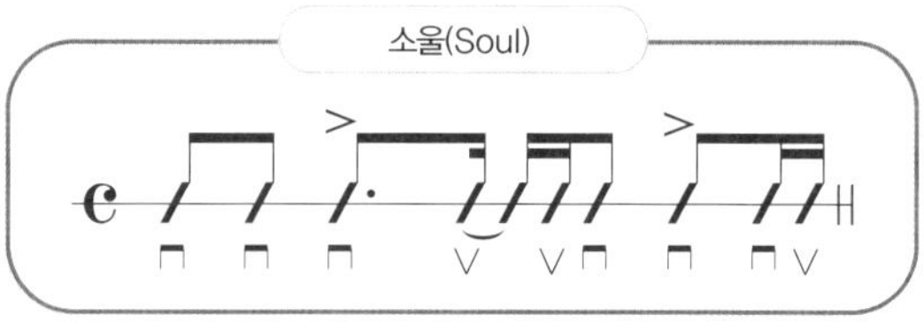

소울(Soul)

Low G
G
GM7
G7
C
언제 부턴-가- 그대를 - 그대를처음만난날 -
사 랑은-눈부시게 - 눈부시게시작됐지만 -
D
D7
G
G7
남모르 게 그 려 - 본 - 분 홍 - 립 스 틱 - 떨 리
이 제 는 지 워 - 진 - 분 홍 - 립 스 틱 - 지 금
C
C♯dim
Bm
E7
던 - 마 음 같 이 사 랑 스 럽 던 그 빛 깔 - 말 없
은 - 떠 나 야 할 사 랑 했 었 던 그 사 람 - 이 별
Am
C
D7
1.
이 바 라 보던 - 다 정 했 던 - 모 습 - 우 리
은 슬 프 지만 - 보 내

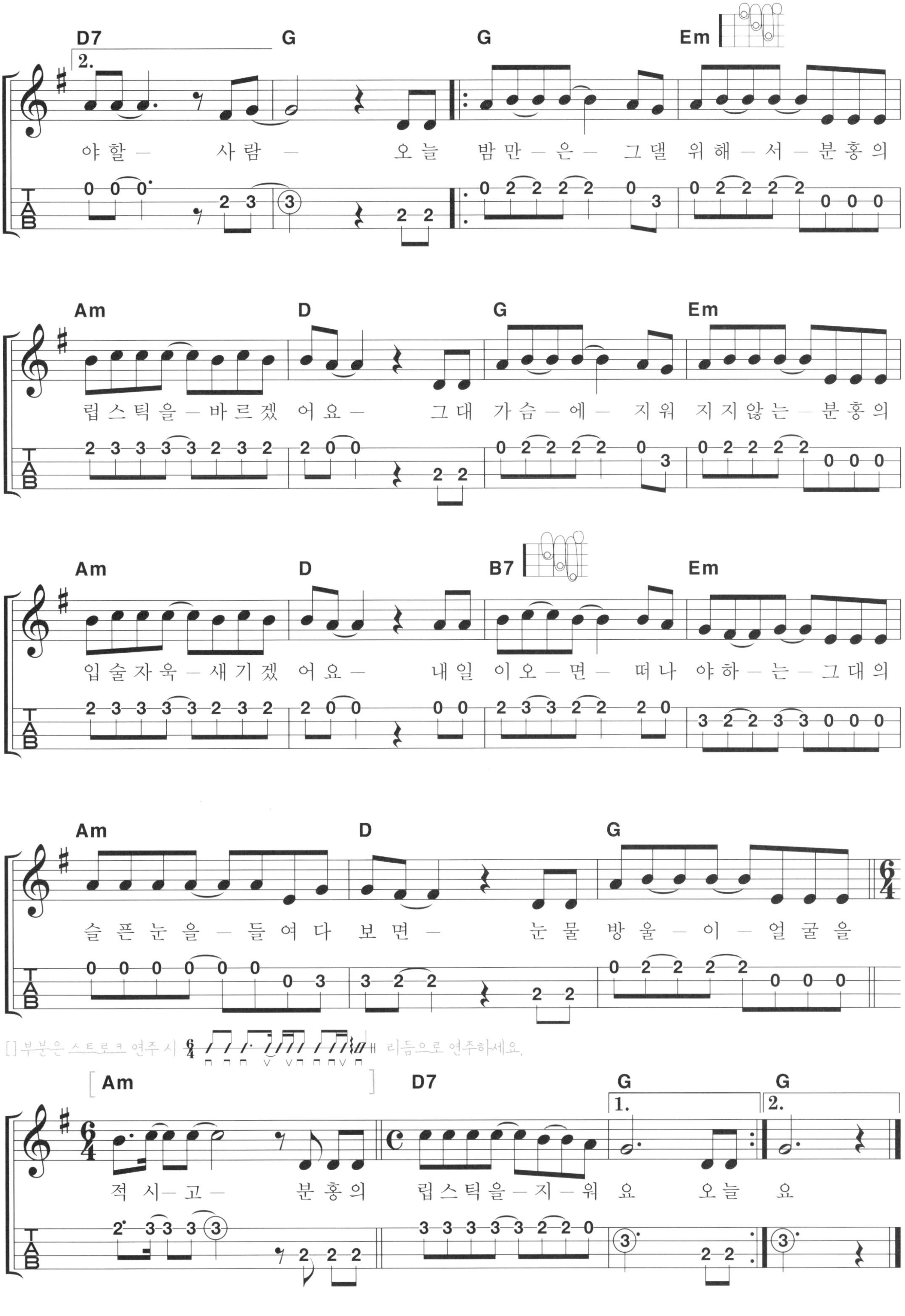
D7 G G Em
2.
야 할 — 사 람 — 오 늘 밤 만 — 은 — 그 댈 위 해 — 서 — 분 홍 의
Am D G Em
립 스 틱 을 — 바 르 겠 어 요 — 그 대 가 슴 — 에 — 지 워 지 지 않 는 — 분 홍 의
Am D B7 Em
입 술 자 욱 — 새 기 겠 어 요 — 내 일 이 오 — 면 — 떠 나 야 하 — 는 — 그 대 의
Am D G
슬 픈 눈 을 — 들 여 다 보 면 — 눈 물 방 울 — 이 — 얼 굴 을
[ ] 부분은 스트로크 연주 시 리듬으로 연주하세요.
Am D7 G G
1. 2.
적 시 — 고 — 분 홍 의 립 스 틱 을 — 지 — 워 요 오 늘 요

Lost Stars

P.N.래슐리, G.알랙산더, A.D.브리즈브, J.N.사우스우드 작사 · 작곡

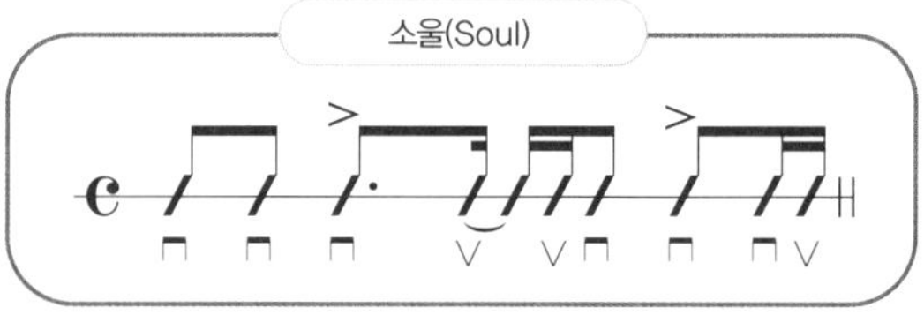
소울(Soul)

Low G

FM7
Please don't — see just a girl — caught up in dreams — and fan - ta - sies
FM7
Please see — me reach - ing out — for some-one I can — see Take my
Em FM7 Em
hand let's see where we wake up to-mo - rrow — Best laid plans some times are just — a one — night
dare let all these memo-ries bring you so - rrow — yes - ter - day I saw a li — on kiss — a
FM7 Em FM7
stand I'd be damnes Cu-pids's de-mand - ing back his a - rrow — So let's get
deer turn the page may - be we'll find — a brand new end - ing — where we're

Gsus4 G FM7 C
drunk on — our tears and — God tell us the rea - son youth is was - ted on the
dan - cing in our tears and —
FM7 C FM7 Em
young — it's hunt-ing sea - son and this lamb — is on the run — search-ing for mean - ing but are we
D7 Dm C Gsus4 G
1.
all lost — stars — — — trying to light — up the — dark
FM7
who are — we Just a speck of dust — with in — the ga-la - xy — —

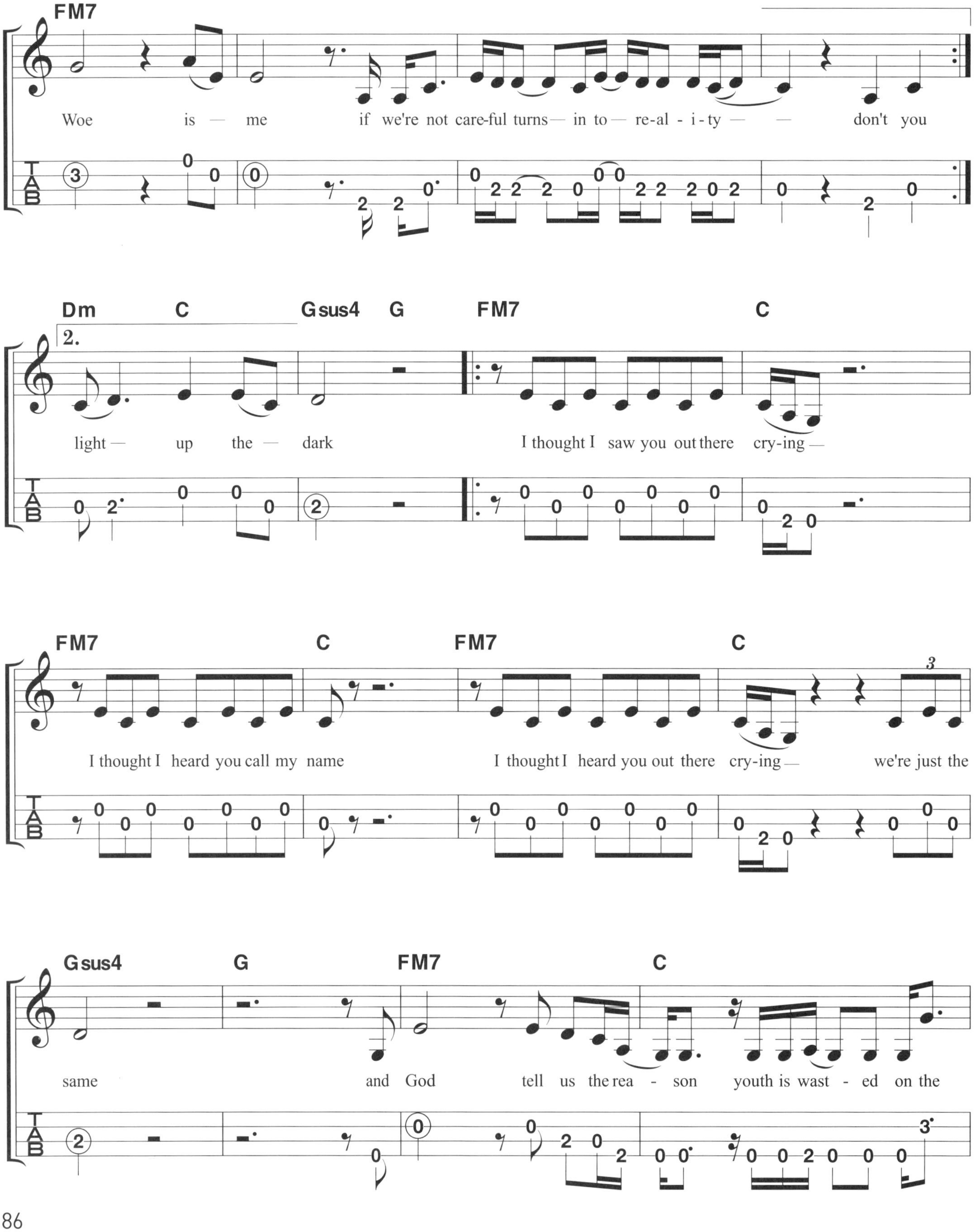
FM7
Woe is — me if we're not care-ful turns — in to — re-al - i - ty — — don't you
Dm C Gsus4 G FM7 C
2.
light — up the — dark I thought I saw you out there cry-ing —
FM7 C FM7 C
I thought I heard you call my name I thought I heard you out there cry-ing — we're just the
Gsus4 G FM7 C
same and God tell us the rea - son youth is wast - ed on the

FM7 C FM7 Em
young— it's hunt-ing sea - son and this lamb— is on the run — we're search-ing for mean - ing but are we
D7 Dm C Gsus4 G
1.
all lost stars — — trying to light — up the — dark
Dm C Gsus4 G D7
2.
light — up the — dark are we all lost
D7 Dm C Gsus4 G
stars — — trying to light up the — dark

사랑하기 때문에

유재하 작사 · 작곡

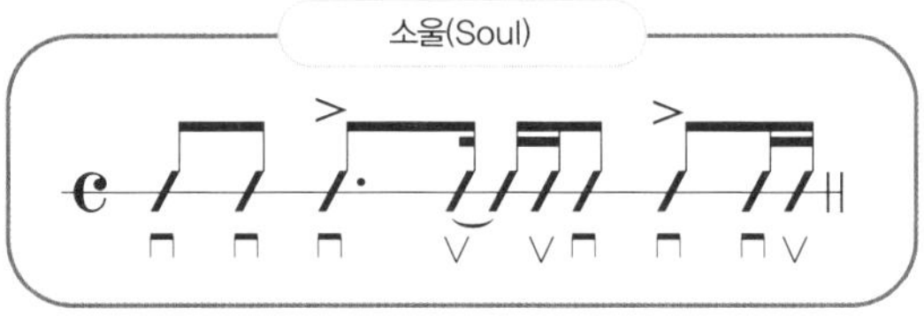
소울(Soul)

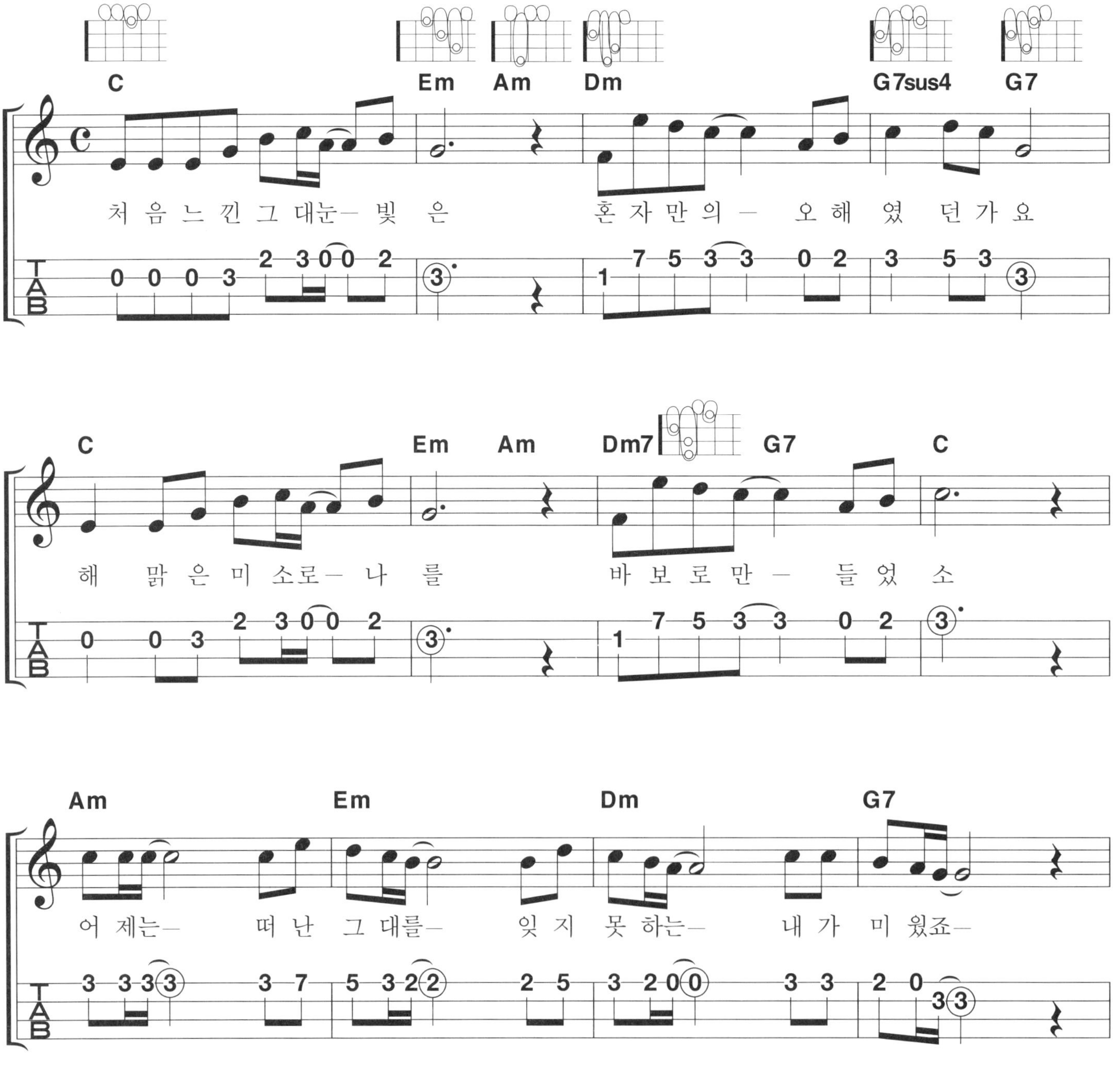
C Em Am Dm G7sus4 G7
처 음 느 낀 그 대눈— 빛 은
혼 자 만 의 — 오 해 였 던 가 요
C Em Am Dm7 G7 C
해 맑 은 미 소로— 나 를
바 보 로 만 — 들 었 소
Am Em Dm G7
어 제는— 떠 난 그 대를—
잊 지 못 하는— 내 가 미 웠죠—

TIP 멜로디 연주시 '다시 돌아온 ~ 헤어지 않으리' 전까지는 1번줄 7프렛을 왼손 1번으로 잡은 상태에서 연주하세요.

Am Em Am Dm7 G7
하 지만— 이 제 깨 달 아 요 — 그 대 만 의 — 나 였 음 — 을 다 시
손가락 번호 :
미끄러지듯이 이동하세요.
Em Am Dm G7
돌 아 온 그 — 대 위 해 — 내 모 든 것 드 — 릴 게 요 — 우 리
Em Am Dm Csus4 G7
이 대 로 영 — — 원 히 — 헤 어 지 지 않 으 리
C Em Am Dm G7 C
나 오 직 그 —대— 만 을 사 랑 하 기 — 때 문 에

칵테일 사랑

김선민 작사 · 작곡

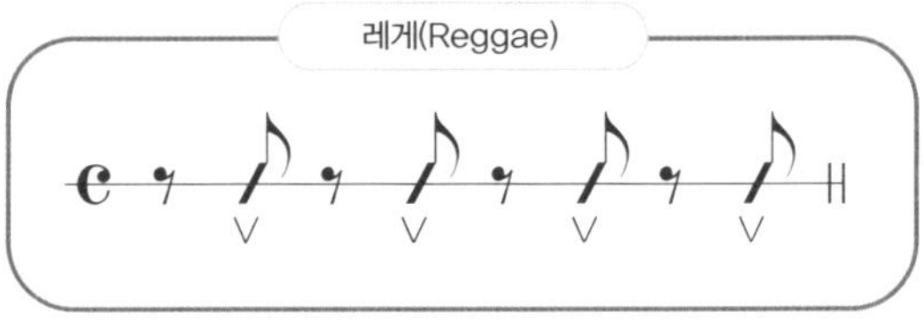
레게(Reggae)

Low G

D A Bm F♯m G D
마 음 울쩍 한 날에— 거리를 걸어— 보고— 향 기로—운— 칵 테일— 에
Em7 A7 D A Bm F♯m
취 해 도보 고— 한 편 의 시 가 있는— 전시회 장도— 가고—
G D Em7 A7 D D
밤 새도—록— 그 리움— 에 편 질쓰고 파—
바디를 타악기처럼
리듬에 맞게 때려주세요.
모짜르 트피— 아 노협
나는아 직순— 수 함을
Fine
F♯m Em7 G
주 곡이—십일 번 그음악 을내— 귓 가에 속 삭여—주 며—
느 끼고——싶 어 어느작 은우— 체 국앞 게 단에—앉 아—
A A7 D A7
아침햇 살눈— 부 시게 나 를깨— 워 줄 그런 연 인이— 내 게 있 으 면
프리지 아꽃— 향 기를 내 게안— 겨 줄 그런 연 인을— 만 나 봤 으 면
D.C. al Fine

김밥

최준영 작사 · 작곡

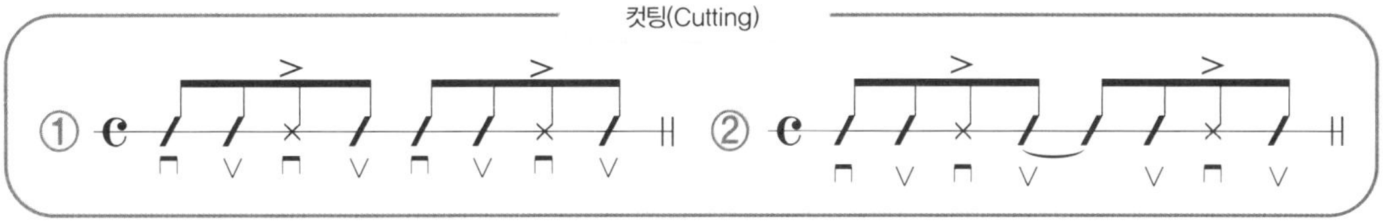
컷팅(Cutting)
①
②

Low G

G
Bm
E7
Am
몇 십 년 동안서 — 로 달 리 살 아온 — 우 — 리 달 라도 한 — 참 달 라 너 무 피곤 해
Cm
Bm
Em
Am
D7
영 화도나 — 는 멜 로 너 는액션 — 난 피 자 너 는 순 두 — 부 —
G
Bm
E7
Am
그 래 도우 — 린 하 나 통 한 게 있어 — 김 — 밥 김 밥 을 좋 — 아 하 잖아 —

Cm Bm Em Am D7 G
언 제 나김과 – 밥 은 붙 어 산 다고–
너 무 나 부 러워– 했 – 지 –
G Bm E7 Am
잘 말아 줘 –
잘 – 눌– 러 줘
Cm Bm Em Am7 D7
밥 알 이김– 에 달 라 붙 는 것 처럼–
너 에 게 붙 어 있 을 – 래 –
G Bm E7 Am
날 안아 줘 –
날 – 안– 아 줘

TIP

바레코드는 코드 모양 그대로 평행 이동하여 다른 코드를 잡을 수 있습니다.
1프렛 이동시 반음씩 올라갑니다.

Bm
2프렛
바레코드 사용
(1프렛 이동)
Cm
3프렛

Cm Bm Em Am D7 G
엲 구 리터– 져 버린 저 김 밥 처럼 – 내 가 슴 터 질때– 까 – 지 –
Am D7 G Bm E7
내 가 슴 터 지게– 해 널 사랑 해 – 널 – 사– 랑
Am Cm Bm Em Am D7
해 세 상 이우– 릴 갈 라 놓 을 때 까지– 영 원 히 사 랑할–거
Em E7 Am D7 G
야 워 워 끝 까 지 붙 어 있 을 래

Bounce

최우미, M.돕슨 작사
M.돕슨 작곡

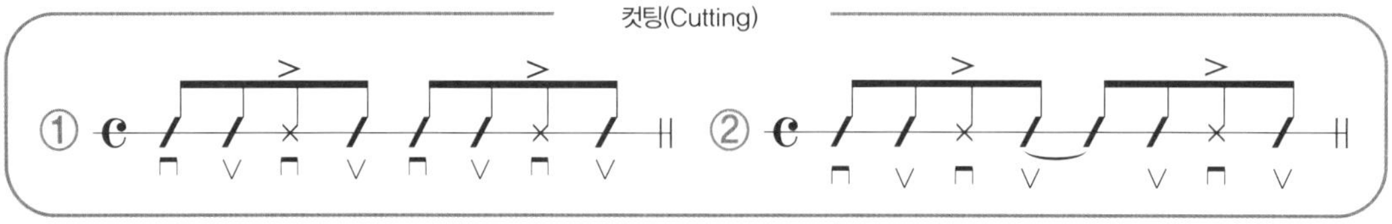

컷팅(Cutting)
①
②

Low G

C Dm Am G C Dm Am G C Dm
그대가 돌아서면 –
두눈이 마주칠까 –

Am G C Dm Am G C Dm
심 장 이 Bounce Bounce 두 근 대
들 킬 까 봐 겁 나

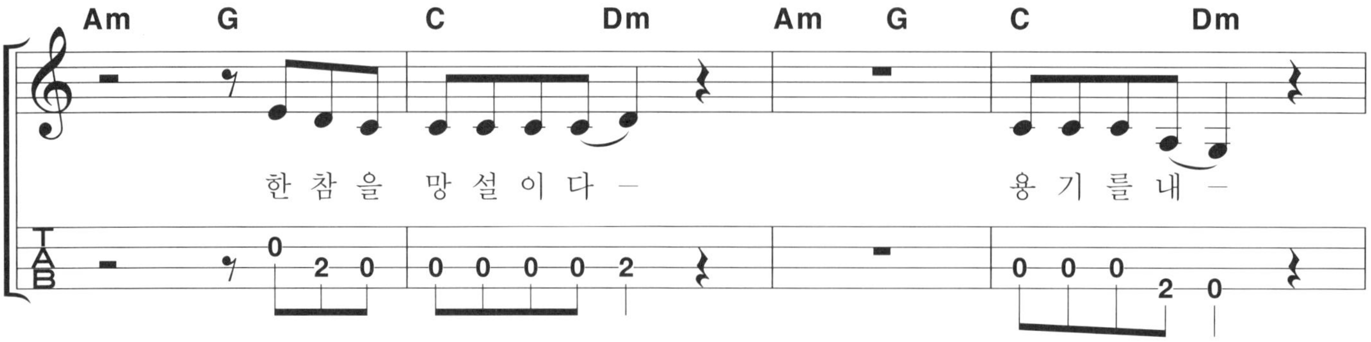

Am G C Dm Am G C Dm
한 참 을 망 설 이 다 –
용 기 를 내 –

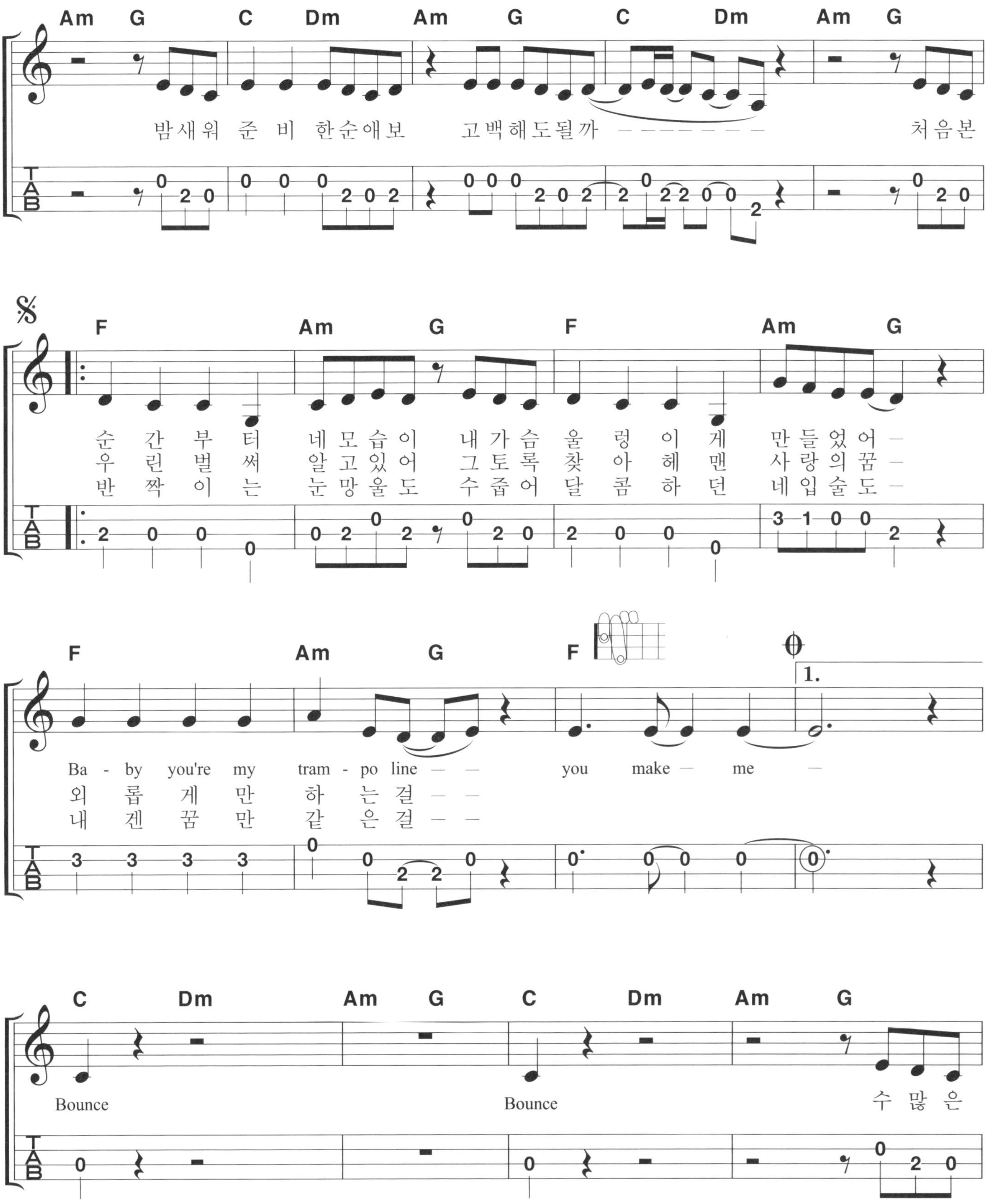
Am G C Dm Am G C Dm Am G
밤새워 준 비 한순애보 고백해도될까 처음본
F Am G F Am G
순 간 부 터 네모습이 내가슴 울 렁 이 게 만들었어
우 린 별 써 알고있어 그토록찾 아 헤 맨 사랑의꿈
반 짝 이 는 눈망울도 수줍어달 콤 하 던 네입술도
F Am G F
1.
Ba - by you're my tram - po line you make me
외 롭 게 만 하 는걸
내 겐 꿈 만 같 은걸
C Dm Am G C Dm Am G
Bounce Bounce 수 많 은

C Dm Am G C Dm Am G
인 연 과 바 꾼 너 인 걸 사 랑 이
C Dm Am G C Dm Am G
남 긴 상 처 들 도 감 — 싸 줄 게 — — — — — — — 어 쩌 면
2.
F C Dm Am G Am G
— — — — — — Bounce Bounce — 망 설 여 져 —
x4
F G Am G
나 혼 자 만 — 의 감 정 일 까 — — — 내 가 잘 못 — 생 각 한 — 거 라 면 —

TIP

연습이 충분히 되면 C-Dm-Am-G코드 진행을 C-Dm7-Am-G로 바꿔서 연주해 보세요.
원곡의 느낌과 더욱 가깝게 연주할 수 있습니다.

D F
어 떡 하 지 – – – – – – 눈 물 – 이 나 – – – – – – – – 별 처 럼
D.S. al Coda
F Am G F
– – – – – 어 쩌 면 우 린 벌 써 알 고 있 어 – 그 토 록 찾 아 헤 맨
Am G F Am G Am Em D
사 랑 의 꿈 – 외 롭 게 만 하 는 걸 – – 어 쩌 면 우 린 벌 – 써
FM7
You make – me – oh – You make – me – – –

운명

이승호 작사
윤일상 작곡

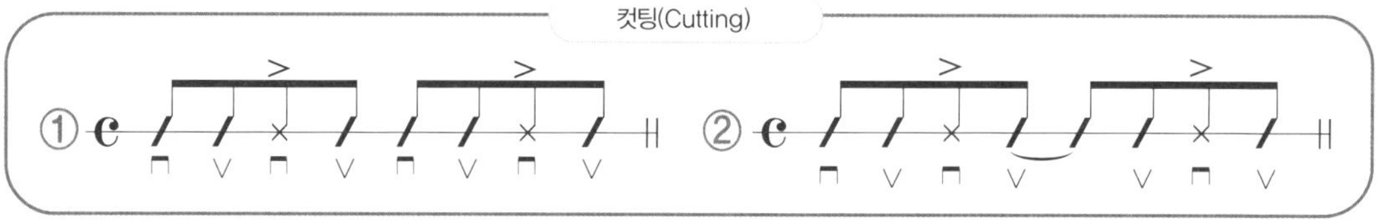
컷팅(Cutting)
①
②

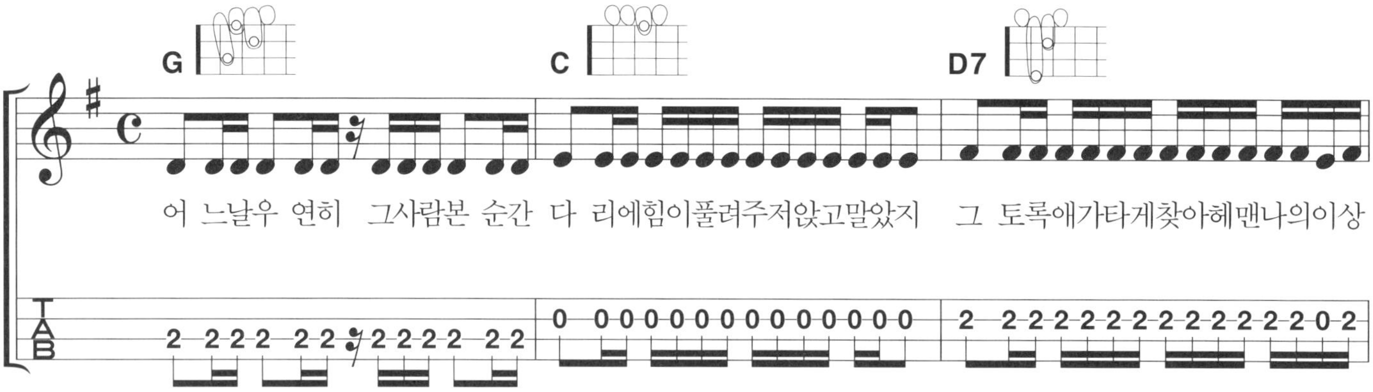
G
C
D7
어 느날우 연히 그사람본 순간 다 리에힘이풀려주저앉고말았지 그 토록애가타게찾아헤맨나의이상
TAB

G
G
C
형 One twothree four 왜하필이 제야 내앞에나타나게 된 거야― 그토록
세상에누 구도 너보다바쁜사람 없 을걸― 동시에
TAB

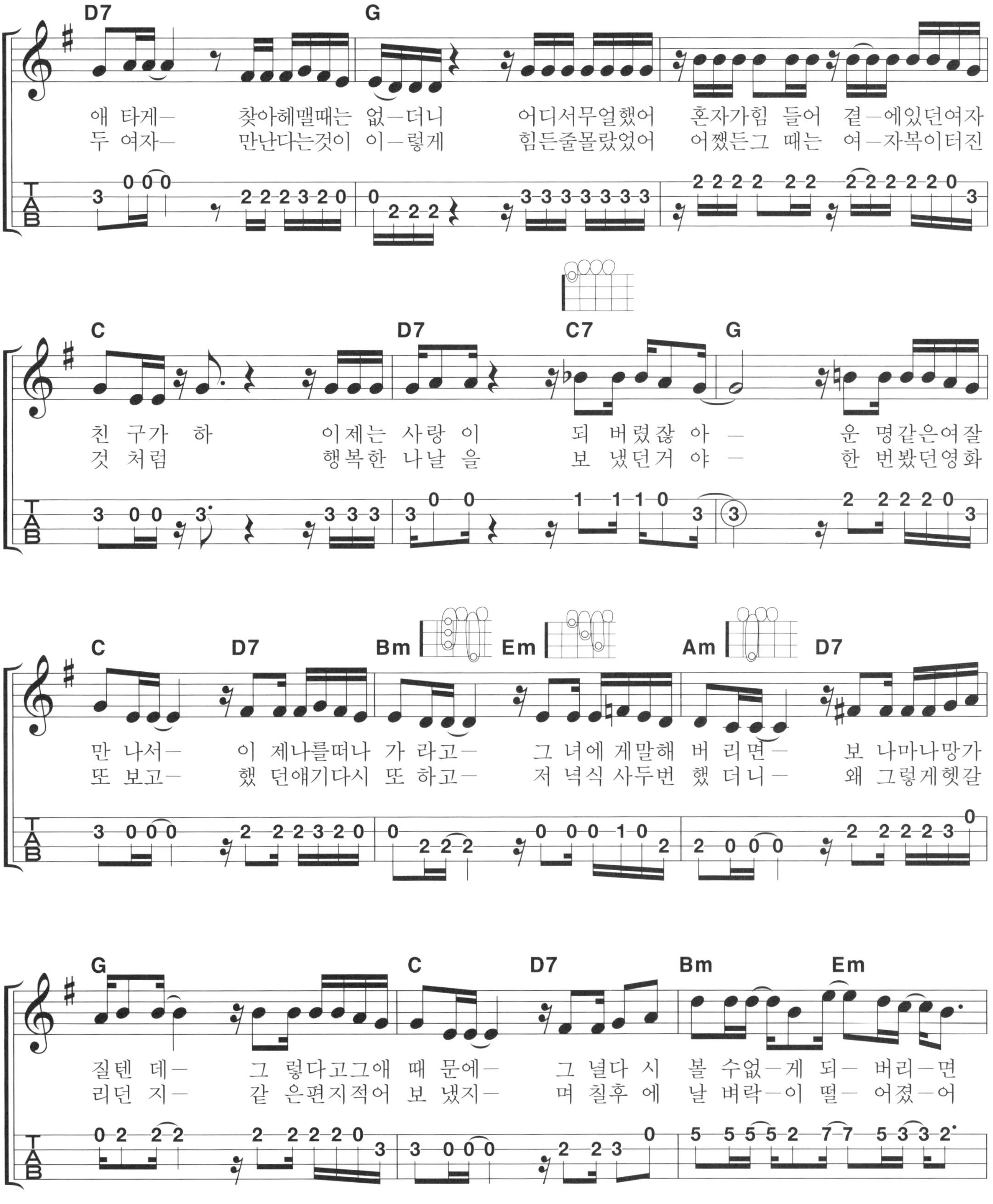
D7 G
애 타게— 찾아헤맬때는 없—더니 어디서무얼했어 혼자가힘 들어 곁—에있던여자
두 여자— 만난다는것이 이—렇게 힘든줄몰랐었어 어쨌든그 때는 여—자복이터진
C D7 C7 G
친 구가 하 이제는 사랑 이 되 버렸잖 아 — 운 명같은여잘
것 처럼 행복한 나날 을 보 냈던거 야 — 한 번봤던영화
C D7 Bm Em Am D7
만 나서— 이 제나를떠나 가 라고— 그 녀에 게말해 버 리면— 보 나마나망가
또 보고— 했 던얘기다시 또 하고— 저 녁식 사두번 했 더니— 왜 그렇게헷갈
G C D7 Bm Em
질텐 데— 그 렇다고그애 때 문에— 그 널다 시 볼 수없—게 되— 버리—면
리던 지— 같 은편지적어 보 냈지— 며 칠후 에 날 벼락—이 떨— 어졌—어

Am D7 G
나 도역—시 망— 가질—건 뻰 — 한데— 이야이야이야이야 정 말 답 답해 짜 증이 나
걸 과속—의 이— 름틀—렸 었 — 나봐—
C D7 G D7 G
어 떡해 야 해 둘 다 내 곁에 있을수 는 없 는거 잖 아— 정 말 화 가나 그 누구 도
C D7 G D7 G
버 릴순 없 어 차라리 이 럴땐 남 자가되고 싶 어 나 도 아햄 릿 처럼지금
C D D7 G G
죽 는 거 냐 사는거냐 그것이 문 제 라 면 차라리나을지몰 라 이 얼 싼 스
D.S. al Coda

Can't Help Falling In Love

D.G.와이즈, L.크리토, H.페레티 작사 · 작곡

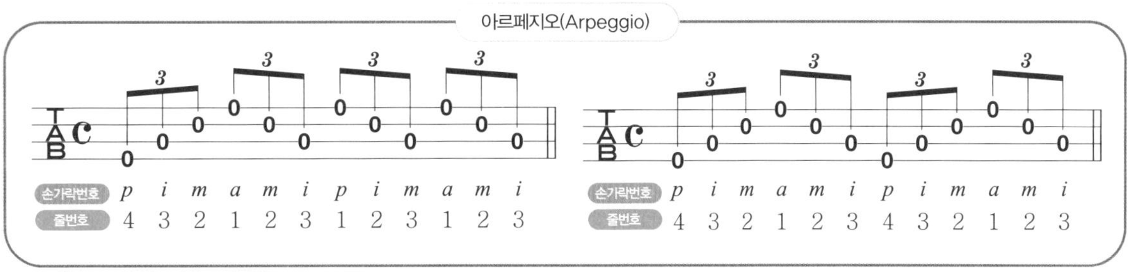
아르페지오(Arpeggio)
손가락번호 p i m a m i p i m a m i
줄번호 4 3 2 1 2 3 1 2 3 1 2 3
손가락번호 p i m a m i p i m a m i
줄번호 4 3 2 1 2 3 4 3 2 1 2 3

F Am Dm B♭ F C B♭ C
Wise men say on-ly fools rush in — But I can't
Take my hand, take my whole life too — For I can't
F Gm F C7 F Am Dm
help fall-ing in love with you Shall I stay Would it
help fall-ing in love with you
Fine
B♭ F C B♭ C F Gm F C7 F
be a sin — if I can't help fall-ing in love with you
Am E7 Am E7 Am E7 Am D7 Gm C7
Like a riv-er flows sure-ly to the sea Dar-ling so it goes Some-thing — are mean to be
D.C. al Fine

I Will

P.매카트니, J. 레논 작사 · 작곡

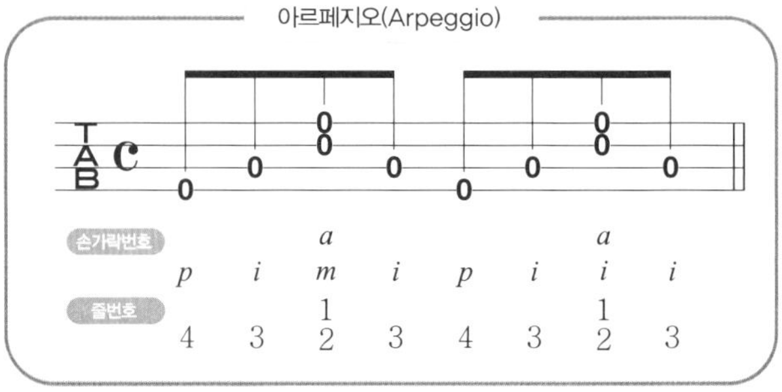
아르페지오(Arpeggio)
TAB
손가락번호
p i m i p i i i
a a
줄번호
4 3 2 3 4 3 2 3
1 1

Low G

C Am Dm G7 C Am Em C7
Who know — how long — I've loved — you — Do you know — I love — you still — Will I wait
For if — I e - ver saw — you — I did - n't catch — you name — but it ne -
F G7 C C7 F G7 C G7
— a lone - ly life — time If you want — me to — I will — For if
- ver real - ly mat - tered I will al - ways feel — the same —
( ) 부분은 1절 때만 연주합니다.
F Em Am Dm G7 C C7
Love you for e - ver and — for e - ver love you with all — my heart —

F Em Am D7 G G7
Love you when e - ver we're — to - ge - ther Love you when we're — a part — And when
C Am Dm G7 C Am Em C7
— at last — I find — you — your song — will fill — the air — sing it loud
F G7 Am C7 F G7 Am C
— so I — can hear — you Make it ea - sy to — be near — you For the things
F G7 Am C7 Dm G7 C
— you do — en dear — you to — me Ah — you know — I will —

고양이 춤곡 1파트

작자 미상
설명희 편곡

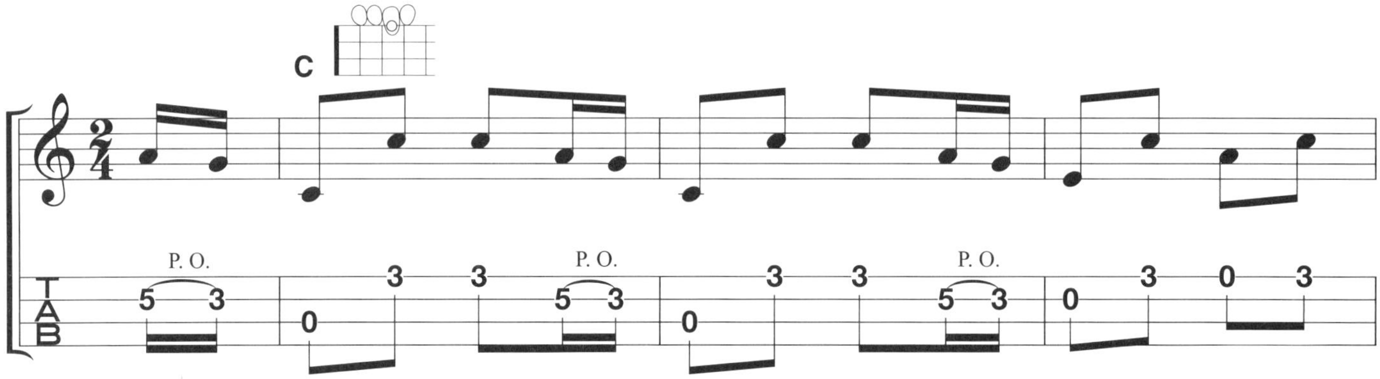

3프렛 3번 손가락으로 5프렛은 3번 손가락으로 동시에 잡고 있다가 3번 손가락을 잡아당기듯이 연주합니다.

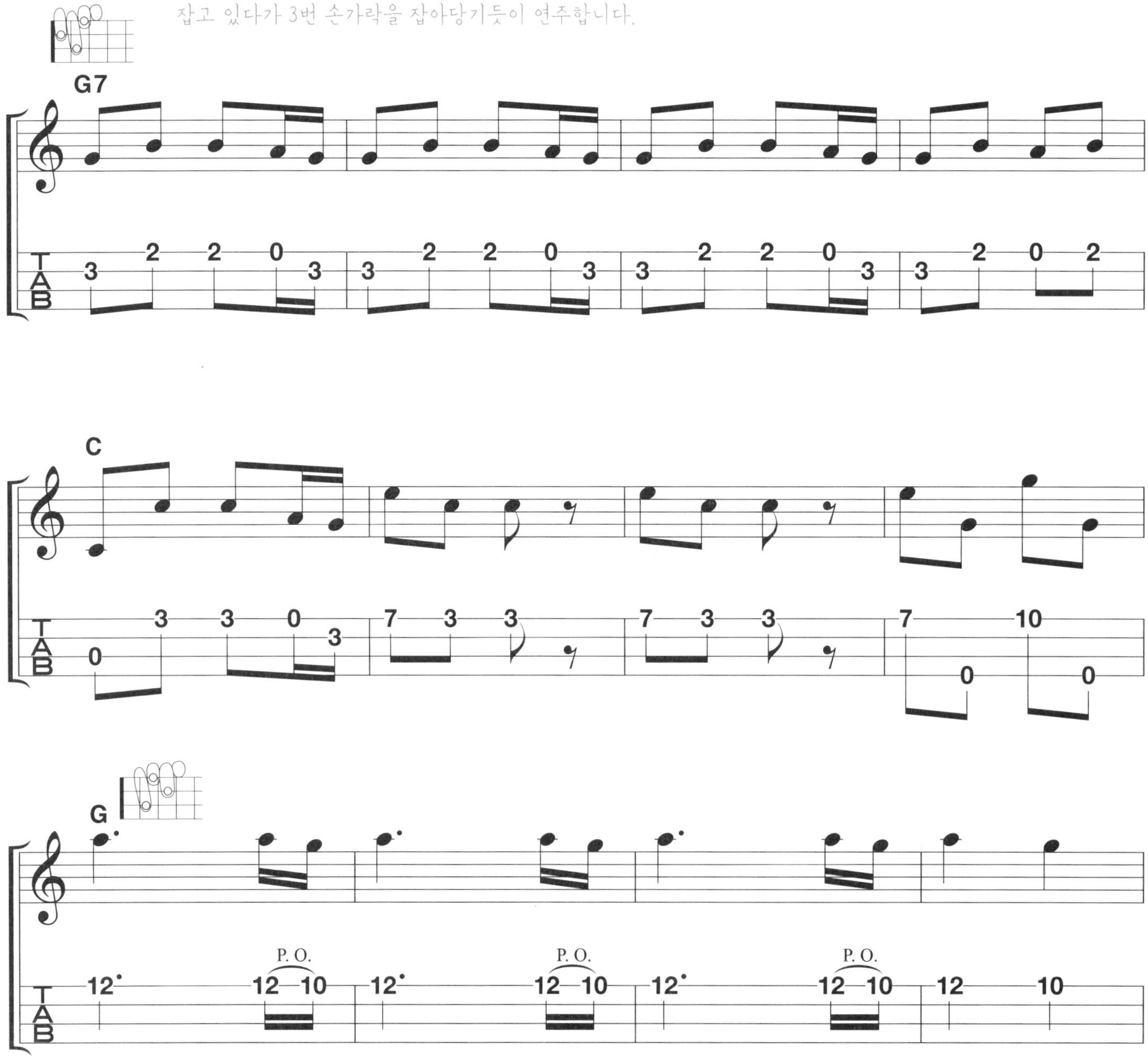

TIP 풀링오프(Pulling off) 주법

누르고 있던 왼손 손가락을 잡아당기듯이 떼면서 소리내는 주법으로 이음줄(슬러)로 연결된 하행하는 음을 연주합니다. TAB 악보의 숫자 위에 P나 P.O.로 표기합니다.

고양이 춤곡

작자 미상
설명희 편곡

C
G7
C
G7
C
TAB

뭉게구름

이정선 작곡
방부영 편곡

Low G

TIP

해머링 온(Hammering on) 주법

왼손으로 망치처럼 현을 두드리며 소리 내는 주법으로 슬러(이음줄)로 연결된 상행하는 음을 연주합니다. TAB 악보 위에 H나 H.O.로 표기합니다.

뭉게구름

이정선 작곡
방부영 편곡

Low G

TIP

연주시 한 파트를 추가하여 코드를 잡고 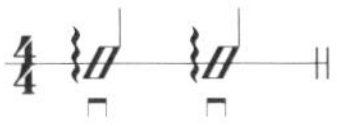 으로
연주하면 소리가 더욱 풍성해집니다.

Moon River

H. 맨시니 작사 · 작곡
양성희 편곡

C Am F C
F C Bm7(♭5) E7
Am Am7 F♯dim Dm F
C F C F C
Am Dm G7 C
TAB

Moon River

H.맨시니 작사 · 작곡
양성희 편곡

C Am F C
F C Bm7(♭5) E7
Am Am7 F♯dim Dm F
C F C F C
Am Dm G7 C
TAB

우쿨렐레 핑거스타일을 위한 특수주법

아티큘레이션을 위한 특수주법입니다. 충분히 연습 후 핑거스타일로 연주할 때 사용하면 고급스러운 연주가 가능합니다.

① 해머링 온(Hammering on)

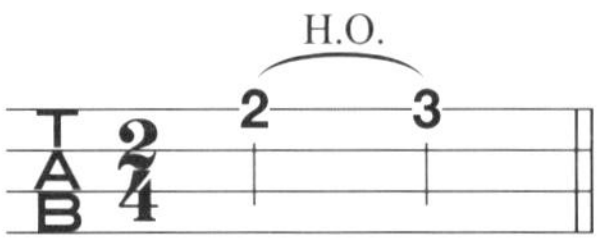

왼손으로 망치처럼 현을 두드리며 소리내는 주법으로 슬러(이음줄)로 연결된 상행하는 음을 연주합니다. TAB 악보 위에 H나 H.O.로 표기합니다.

② 풀링 오프(Pulling off)

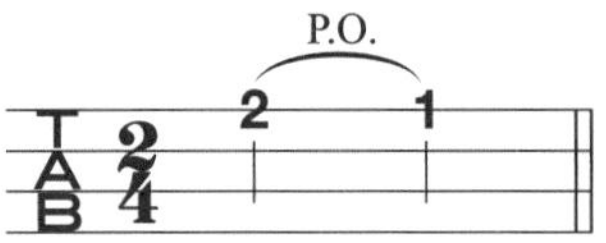

누르고 있던 왼손 손가락을 잡아당기듯이 떼면서 소리내는 주법으로 슬러(이음줄)로 연결된 하행하는 음을 연주합니다. TAB 악보의 숫자 위에 P나 P.O.로 표기합니다.

③ 슬라이딩(Sliding)

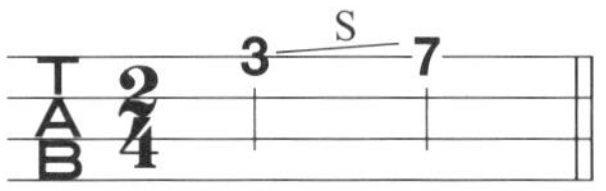

탄현한 후 왼손 손가락이 다음 포지션까지 끊어지지 않게 미끄러지듯이 이어서 연주하는 주법입니다. 음을 부드럽게 끌어 올리거나 내릴 때 사용합니다. 타브 숫자 위에 S나 SL.로 표기합니다.

④ 비브라토(Vibrato)

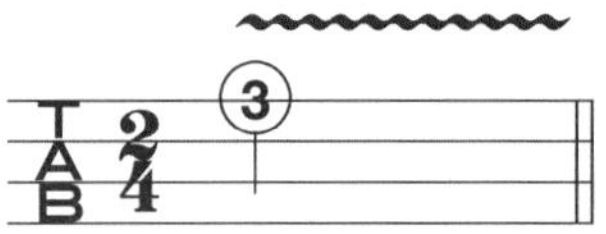

음정을 위, 아래로 빠르게 흔들어 선율을 꾸며주는 주법으로, 손가락을 좌,우로 빠르게 움직이거나 벤딩처럼 위,아래로 움직여서 소리를 냅니다.

⑤ 글리산도(Glissando)

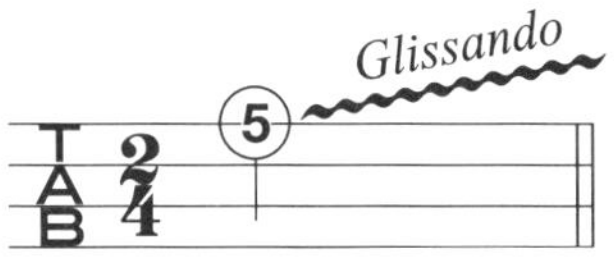

슬라이딩과 비슷한 주법으로 왼손 손가락이 정해지지 않은 지점에서 어떤 음으로 이동하거나 어떤 음에서 정해지지 않은 지점까지 이동하는 주법입니다.

⑥ 하모닉스(Harmonics)

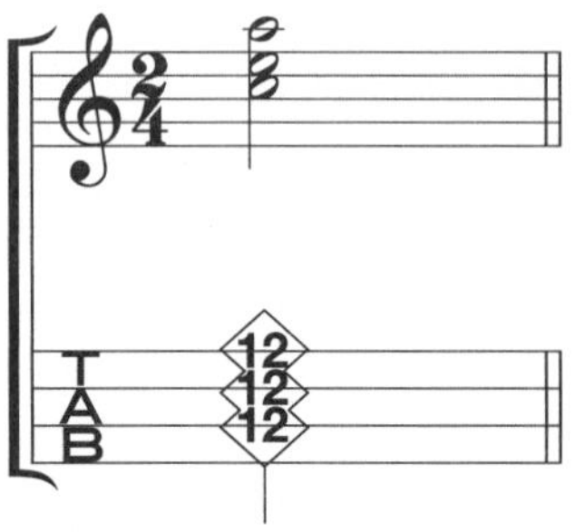

현악기의 현을 이용하여 배음을 얻는 방법으로 현의 1/2지점(12프렛), 1/3지점(7프렛), 1/4지점(5프렛)의 부분에 왼쪽 손가락을 살짝 대고 현을 퉁김과 동시에 놓아주면서 배음만 나도록 하는 주법입니다. Harm.나 음표 대신 마름모꼴의 음표로 표기합니다.

TIP 우쿨렐레의 음량이 크지 않으므로 연주 시 충분한 효과를 내기 위해서는 픽업을 장착하거나 마이크를 사용하면 더욱 효과적입니다.

이것만은 알아두자! 음악용어

𝄐	늘임표 (Fermata)	겹세로줄 위에 있을 때에는 마침표가 되나, 음표의 머리 위나 아래에 있을 때에는 그 음표를 2배 이상의 박으로 연주하는 늘임표가 된다.
𝄐‖	마침표 (Pause)	음표의 머리 위나 아래에 있을 때에는 늘임표가 되나, 겹세로줄 위에 있을 때에는 그 곡을 끝내는 마침표가 된다.
𝄇	도돌이표 (Repeat)	처음으로 되돌아가 한 번 더 연주한다.
𝄆 𝄇	도돌이표 (Repeat)	도돌이표 안을 한 번 더 연주한다.
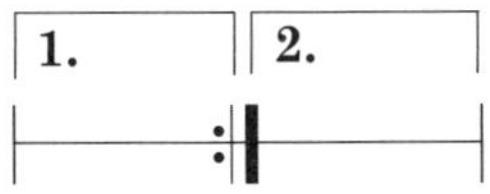		도돌이하여 두 번째 연주시에는 1. 을 빼고, 2. 로 건너서 연주한다.
D.C.	다 카포 (Da Capo)	처음부터 다시 연주하여 *Fine* 또는 𝄐‖ 까지 연주하고 마친다.
Fine	피네 (Fine)	곡을 마치는 끝 표가 된다.
	스타카토 (Staccato)	음을 짧게 끊어 연주한다.
>	악센트 (Accent)	그 음만 세게 연주한다.
	붙임줄 (Tie)	높이가 같은 2개 이상의 음을 하나로 붙여 연주한다. 〈예〉 
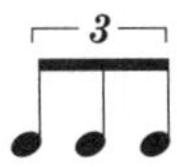	셋잇단음표 (Triplet)	2등분할 음표를 3등분하여 연주한다. 〈예〉 
rit.	리타르단도 (Ritardando)	점점 느리게 연주한다.
D.S.	달세뇨 (Dal Segno)	D.S.al Coda일때 𝄋 로 가서 𝄌 에서 𝄌 로 건너가 연주하고 마친다. D.S.al Fine일때 𝄋 로 가서 *Fine* 또는 𝄐‖ 까지 연주하고 마친다.

코드표

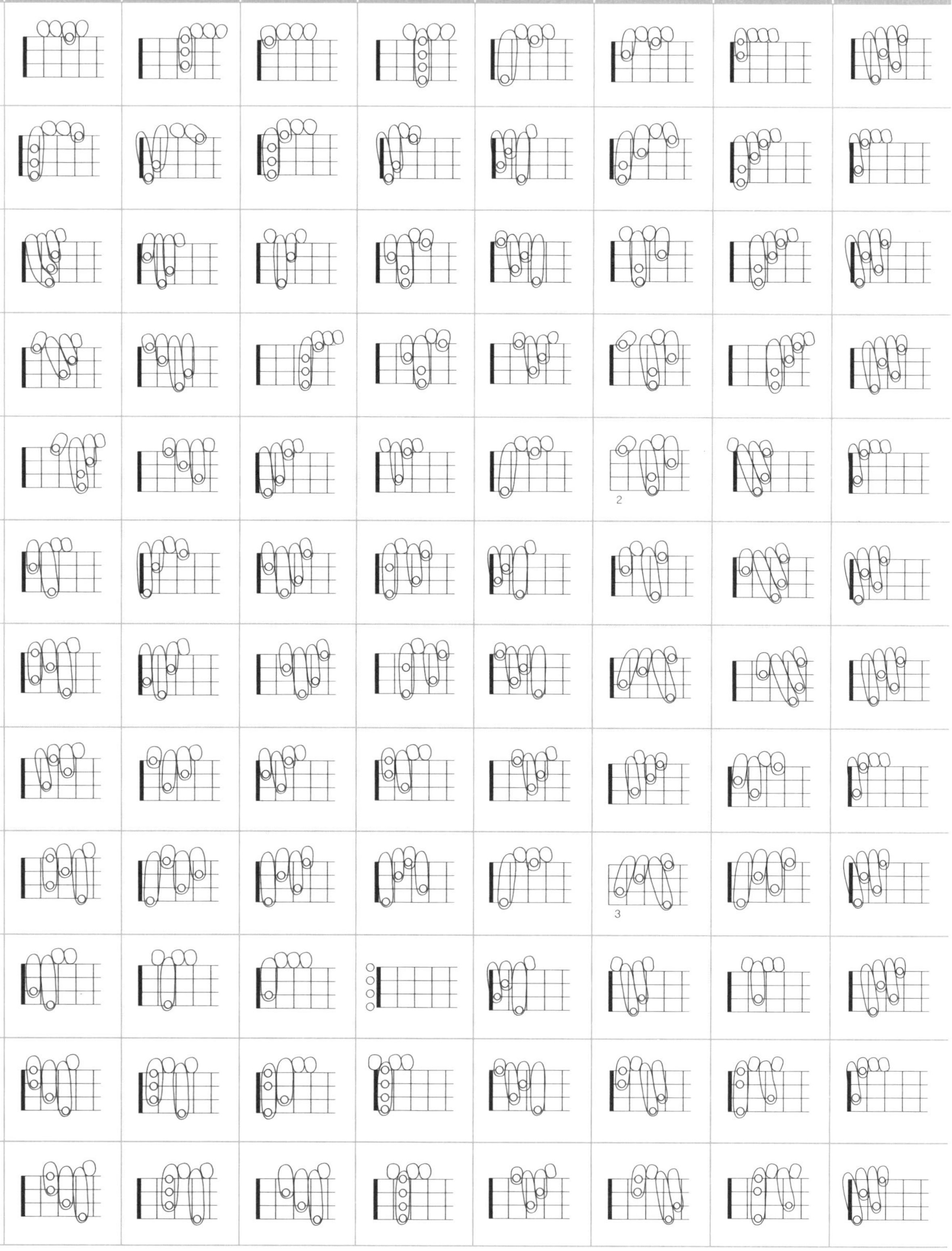

	(major)	m	7	m7	aug / +	sus4	7sus4	dim7
C								
C♯ (D♭)								
D								
D♯ (E♭)								
E						2		
F								
F♯ (G♭)								
G								
G♯ (A♭)						3		
A								
A♯ (B♭)								
B								

	6	m6	M7	mM7	m7(♭5)	9	add9	madd9
C								
C♯ (D♭)								
D								
D♯ (E♭)								
E								
F								
F♯ (G♭)								
G								
G♯ (A♭)								
A								
A♯ (B♭)								
B								

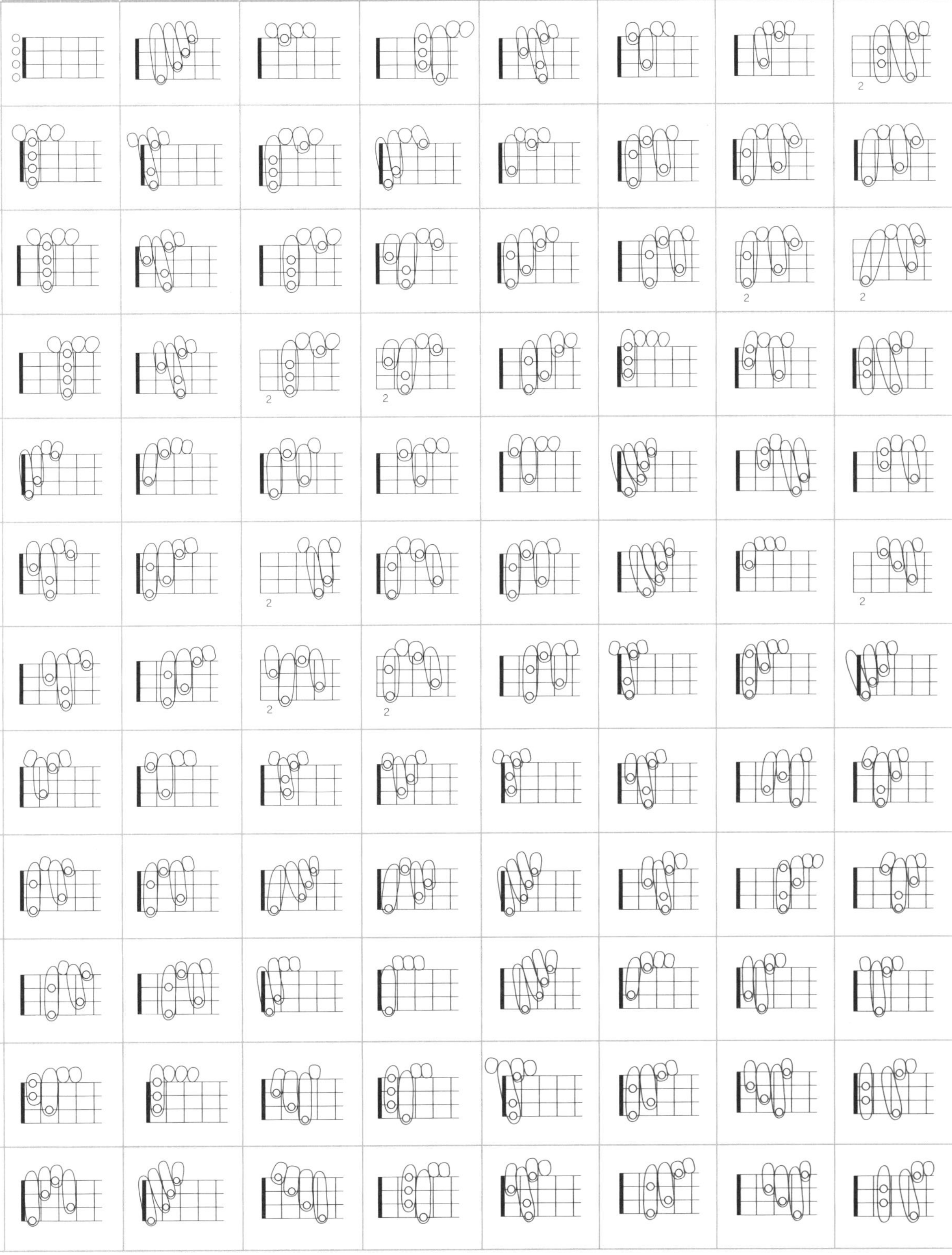

두근두근 우쿨렐레

Ukulele 중급

지은이 설명희, 양성희, 방부영

발행인 정의선
이사 전수현
콘텐츠기획실 최지환
편집 배현정, 서보람
미술 강현희
기획마케팅실 사공성, 한은영, 장기석
제작 박장혁, 전우석

인쇄일 2024년 2월 15일

발행처 ㈜음악세계
출판등록 제406-2019-000124호
주소 경기도 파주시 Bookcity 171 ㊫ 10881
전화 영업 031-955-1486 편집 031-955-6996
팩스 영업 031-955-6988
홈페이지 www.eumse.com

ISBN 979-11-90801-37-9-14670
979-11-90801-36-2-14670(세트)